“京科惠农”科技服务平台咨询问答图文精编

罗长寿　孙素芬◎主编

科学技术文献出版社
SCIENTIFIC AND TECHNICAL DOCUMENTATION PRESS
·北京·

图书在版编目（CIP）数据

“京科惠农”科技服务平台咨询问答图文精编 / 罗长寿，孙素芬主编. —北京：科学技术文献出版社，2021. 8

ISBN 978-7-5189-8334-6

Ⅰ. ①京… Ⅱ. ①罗… ②孙… Ⅲ. ①农业技术—科技服务—咨询服务—问题解答 Ⅳ. ① S-44

中国版本图书馆 CIP 数据核字（2021）第 187767 号

“京科惠农”科技服务平台咨询问答图文精编

策划编辑：郝迎聪 责任编辑：李晓晨 侯依林 责任校对：张永霞 责任出版：张志平

出 版 者	科学技术文献出版社
地 址	北京市复兴路15号 邮编 100038
编 务 部	（010）58882938，58882087（传真）
发 行 部	（010）58882868，58882870（传真）
邮 购 部	（010）58882873
官方网址	www.stdp.com.cn
发 行 者	科学技术文献出版社发行 全国各地新华书店经销
印 刷 者	北京时尚印佳彩色印刷有限公司
版 次	2021 年 8 月第 1 版 2021 年 8 月第 1 次印刷
开 本	880 × 1230 1/32
字 数	177千
印 张	9.25
书 号	ISBN 978-7-5189-8334-6
定 价	98.00元

前　言

“京科惠农”科技服务平台是北京市农林科学院建设的一个农业科技公益服务平台。平台拥有一支由百余名具有丰富理论知识与实践经验的农业专家组成的服务团队，服务内容主要包括解答蔬菜、果树、食用菌、粮食、畜禽等方面农业生产问题。平台开通以来，除在北京市进行服务应用外，还立足京津冀将服务范围扩展到全国其他29个省、自治区、直辖市，社会及经济效益显著，树立了农业科技咨询的“京科惠农”服务品牌。

在服务过程中，平台积累了大量来自农业生产一线的技术和实践问题，为更好地发挥这些咨询问题对农业生产的指导作用，编者精选了部分问题，并在充分尊重专家实际解答意见的基础上，进行了文字、形式等方面的编辑加工，使解答尽量简洁、通俗、科学、严谨。本书汇集了蔬菜、果树、粮食作物、花卉、土肥、食用菌、畜牧和水产等不同生产门类的问题，希望通过这些精选的问题更好地传播知识，为农业生产提供参考与借鉴，更好地发挥农业科技的支撑作用。

本书中涉及农业生产问题的解答，一般是专家对咨询者提出的问题进行的针对性解答，由于农业生产具有实践的现实性、复杂性，所以在参考本书相关问题解答时，请结合当地的气候、农时和生产实践作出适当调整，避免教条化执行专家解答，这一点请广大读者理解。

本书主要目的是发挥平台的公益性服务作用，通过对农业生产一线遇到的问题进行图文展示，结合专家的详细解答，为用户提供直观的参考。在此，向提供原始图片的平台服务用户表示感谢！其中个别解答是专家经过查阅资料进行梳理、提炼而来，未标明出处，敬请谅解！对参加平台服务的专家，以及为本书提供指导的各位专家表示感谢！没有你们的辛勤劳动，就没有本书的成稿！

本书撰写受到“北京科技特派员智能响应服务系统与双创服务示范应用”（Z201100008020011）、“北京市农村远程信息服务工程技术研究中心”和“基于深度学习的农业图文问答机器人系统研究应用”（QNJJ201919）等项目资助，特此感谢！

鉴于编者的技术水平有限，文中难免存在纰漏，敬请广大读者批评指正！

编者

2021 年 6 月

目　录

第一部分　蔬菜

第二部分 果树

第三部分 粮食作物

第四部分　花卉

第五部分　土肥

第六部分　食用菌

第七部分　畜牧

第八部分 水产

（一）茄果类

1 北京市海淀区赵先生问：番茄叶子黄是怎么回事？

北京市农林科学院蔬菜研究中心 推广研究员 陈春秀答：

从图片看，番茄感染了番茄褪绿型病毒病。主要是由烟粉虱引起，因此，重点要防治烟粉虱。

（1）用无虫苗。可以通过在育苗期间防治烟粉虱，确保番茄苗上没有烟粉虱，从而做到无虫苗。

（2）在风口处用 50 ~ 60 目的防虫网，防范外界的烟粉虱进入棚内。

（3）一旦棚内有烟粉虱后，及时药剂防治：5% 啶虫脒 800 倍液，噻嗪酮、阿维菌素等。

（4）选用抗病毒品种。

2 山东省网友“影子”问：风口下的两棵番茄转色不好，是怎么回事？

北京市农林科学院蔬菜研究中心 推广研究员 陈春秀答：

这是一种生理性的病害。靠近风口地方的温度低，所种品种可能对温度比较敏感，导致筋腐病的发生。建议：

（1）外界气温低于15 ℃时，不要打开下风口，以免风口处的温度低，引起番茄果实在成熟过程中筋腐病的发生；

（2）注意多追钾肥，降低氮肥用量；

（3）保持土壤湿润。

3 山西省网友“风生水起”问：如图所示，番茄是感染了什么病?

北京市农林科学院植物保护环境保护研究所 研究员 李明远答：

从图片看，番茄发生了番茄疮痂病，这是一种细菌性病害，用可杀得或农用链霉素进行防治。

4 北京市海淀区马女士问：番茄树裂果是怎么回事?

北京市农林科学院蔬菜研究中心 推广研究员 陈春秀答：

番茄树果实开裂主要原因如下：

（1）与品种有关，番茄做树式栽培必须选择耐裂的品种；

（2）夏季温度高、湿度大，果实容易开裂；

（3）挂果时间过长易引起果实开裂。

5 北京市房山区姜先生问：番茄底部长黑了，是什么病，怎么防治？

北京市农林科学院植物保护环境保护研究所 研究员 李明远答：

从图片看，是番茄脐腐病，主要是由土壤溶液浓度过大引起，因此土壤干旱时更易发生脐腐病。防治时，应适量补充水分。果实在核桃大以前浇水时，应控制水量，以免引起徒长。另外使用高钙的叶面肥，或者使用百万分之五的氯化钙加千分之三的磷酸二氢钾作为叶面肥，喷施 2 ～ 3 次也有效果。

6 北京市大兴区吴先生问：番茄新叶发黄、皱缩，是什么病，怎么防治？

北京市农林科学院植物保护环境保护研究所 研究员 李明远答：

从图片看，番茄是发生了番茄黄化曲叶病毒病，防治的关键是需要先将烟粉虱消灭干净，再挂好黄板。可以打掉有病的部分，用吗啉呱铜喷 2 ～ 3 次，能够缓解部分症状。

7 北京市密云区李女士问：番茄的茎扁、有空洞是什么问题，怎么防治？

北京市农林科学院植物保护环境保护研究所　副研究员　黄金宝答：

从图片看，番茄发生了芽枯病，是由高温造成的。症状有直线型和 Y 型等。芽枯病属于生理病害，不需用药防治。可在下茬栽培时，采取避免高温伤芽的措施，如种植耐高温品种、遮阴、合理放风等。

8 山东省网友"风雪之恋"问：番茄植株1.2米高未落秧，花穗正常吗？

北京市农林科学院蔬菜研究中心 研究员 张宝海答：

从图片看，植株基本正常，开花比较集中，对于樱桃番茄不是什么大问题。下一步要加强光照、温度、水肥管理，以促进结果。

9 山东省网友“风雪之恋 ”问：小番茄茎秆上有黑色斑点和疙瘩，怎么回事？

北京市农林科学院蔬菜研究中心 推广研究员 陈春秀答：

番茄上面的小黑点是环境湿度大引起的细菌性病害造成的，可以通过降低湿度和喷一些加瑞农、可杀得等进行防治。

10 山东省网友“风雪之恋 ”问：冬暖大棚西南角处靠近棚口有两行番茄叶缘变黄干边，是冷害，还是打药浓度高了？

北京市农林科学院蔬菜研究中心 研究员 张宝海答：

从图片看，叶片叶缘出现枯黄现象，主要是由低温引起的。山墙附近光照差、温度低、湿度大，靠近山墙的两畦都会受到影响，因此，靠近山墙的两畦可以种植一些叶菜或耐寒的蔬菜，还有利于通风。

11 江苏省网友“风生水起”问：番茄叶片小、皱缩是怎么回事，是什么原因引起的？

北京市农林科学院蔬菜研究中心 推广研究员 陈春秀答：

从图片看，这是由番茄生长环境的温度低造成地温低，根系活力不够，从而导致番茄出现生长点发紫，形成叶片小，皱缩等现象。这种天气持续几天，棚内湿度大，就会使叶片上出现杂菌，形成枯叶斑。冬季寒冷，等温度慢慢回升就会有所缓解。

12 天津市贾先生问：番茄叶子边缘发黄是发生了盐害吗?

北京市农林科学院蔬菜研究中心 推广研究员 陈春秀答：

从图片看，番茄应当是发生了盐害。主要原因是营养液温度低，盐分高，需要定期淋洗。一般情况下，营养液最长用一个月后，就要用清水对种植的蔬菜清洗一次，把根部积累的盐分清理一下，然后再浇营养液，这样就不会出现肥料的障碍了。

13 河北省沧州市王先生问：番茄茎叶扭曲，发紫，是什么原因？

北京市农林科学院植物保护环境保护研究所 研究员 李明远答：

从图片看，整株下部叶片是正常的，上部叶片卷曲，有可能是病毒病。用户可以仔细查看一下，如果有烟粉虱应该是番茄黄化曲叶病毒。

14 北京市丰台网友“北京忆秦娥”问：如图所示，番茄苗是怎么回事，如何防治？

北京市农林科学院植物保护环境保护研究所 研究员 李明远答：

从图片看，是一种病毒病。如果有烟粉虱存在，有可能是番茄黄化曲叶病毒。但是目前番茄病毒种类较多，仅根据症状不能准确分辨，必须做分子检测才能确定具体病毒类别。

15 江苏省袁先生问：番茄裂果是怎么回事？开裂和蘸花浓度有关吗？

北京市农林科学院蔬菜研究中心 推广研究员 陈春秀答：

番茄裂果现象产生原因有多种，主要有：

（1）温度低，湿度大；

（2）蘸花时，激素浓度高；

（3）膨果期浇水过大，过于干旱都容易裂果；

（4）与品种有关，有的品种皮薄，容易裂果；

（5）花芽分化不良，也产生裂果现象。

从图片看，用户番茄问题的原因：①温度低；②蘸花激素浓度高或连续蘸花；③与阴天湿度大有关。

16 江苏省袁先生问：番茄髓部坏死，打 4 次药越来越严重了，怎么办?

北京市农林科学院植物保护环境保护研究所 副研究员 黄金宝答：

番茄髓部坏死病是细菌性病害，主要原因是种子带毒传播。播种时要使用 1000 万单位农用链霉素 300 ~ 500 倍液进行种子消毒 20 分钟，洗净后再播种。苗期也可用此药再喷两次，防止病害蔓延。在整枝打杈时避免带水（雨天）操作，以免帮助其传播。成株期发病后，不仅细菌性药剂防效低，而且不能渗透到病患处防治，因此，现在还没有好的治疗方法，严重时只能拔除。预防时可用细菌性药剂进行种子消毒。

17 北京市网友“冰冷外衣”问：番茄第一个果畸形，用的如图农药，是怎么回事？

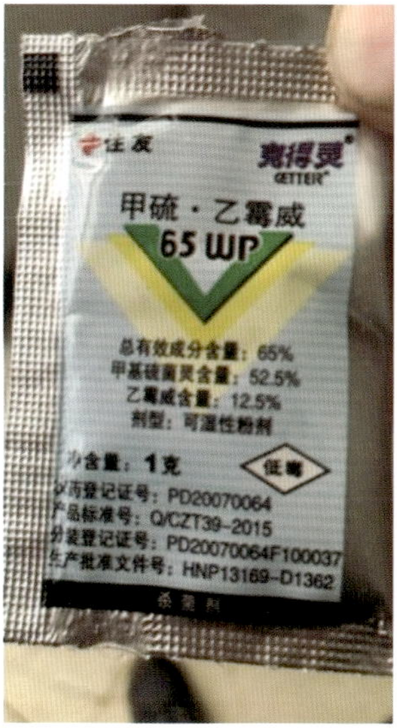

北京市农林科学院植物保护环境保护研究所 研究员 李明远答：

畸形果是在苗期冷害时造成的，用杀菌剂防治没用。冷害结束后长出的果实就不会出现畸形问题了。此外，果实上的白点是蓟马为害所致。

18 山东省栖霞市网友"栖霞福源蔬菜"问：番茄叶片发黄是怎么回事？

北京市农林科学院植物保护环境保护研究所 副研究员 黄金宝答：

从图片看，植株生长基本正常，顶部叶片发黄，如果是普遍现象，可能是生理病害，与光照不足等有关；如果是个别植株，可能是番茄黄化曲叶病毒病的前期，要尽快打烟粉虱的杀虫剂，降低病毒传播概率。

19 北京市海淀区赵先生问：棚内种植的番茄叶子都卷起来了，怎么回事？

北京市农林科学院植物保护环境保护研究所 副研究员 黄金宝答：

造成番茄叶片上卷的原因可能有三个。

（1）生理性叶片上卷：偏施氮肥；缺少磷钾肥或微量元素钙、镁、铜等；高温、强光季节，中午浇水；整枝过早、过量或田间操作伤根、伤枝等。

（2）植株发生了番茄花叶病毒。

（3）生长素施用不当。

从图片看，应该是属于第一种情况，生理性叶片上卷，可对照找出原因，采取措施，过一段时间应该可以恢复正常。

20 广西壮族自治区南宁市辣椒种植户问：辣椒果实变白，是什么问题？

北京市农林科学院植物保护环境保护研究所 副研究员 黄金宝答：

从图片看，应该是太阳照后发生的日灼病，不是传染性病害，打药基本不起作用，可以用叶片遮挡或遮阴等方法防治。

21 北京市房山区霍先生问：茄子不长，是什么病，怎么防治？

北京市农林科学院植物保护环境保护研究所 研究员 李明远答：

从图片看，像是茄子根腐病或沤根，可请专业人员将根洗净后，切取 1 ~ 2 厘米，用吸水纸保湿 24 小时后确认引起发病的病原菌种类。如果是腐霉之类，可以使用甲霜灵、霜霉威灌根；如果不是这类病菌可以用多菌灵、苯醚甲环唑灌根；如果没有条件看是哪类病害，可以使用恶霉灵或绿亨一号灌根处理，应当能有所改善。

23 北京市西城区网友"鱼刺的粉丝"问：黄瓜不缺水也不缺肥，为什么长得不直？

北京市农林科学院蔬菜研究中心 研究员 张宝海答：

影响作物生长的因素很多。容器栽培相对于土壤栽培，缓冲性小，即使每天浇水，也会有水多水少的情况，而一旦受到不可逆转的伤害，植株的生长就会受到影响，植株长势不好，结瓜也会受到影响。当前气温在 25 ℃左右，虽然比较适合，但已是秋天，到 10 月的气候就不太适合黄瓜生长了。同样种植，春天作物的生长状况就会好一些。

24 山东省网友“永不言败”问：荷兰黄瓜 3966，叶尖发黄是怎么回事？

北京市农林科学院蔬菜研究中心 推广研究员 陈春秀答：

荷兰黄瓜长势不佳，主要原因有两点：

（1）连续阴天，光照不足导致叶片发黄；

（2）叶绿素是抑制生长的一种激素，不能随意使用。应该用叶面肥和碧护缓解黄瓜目前的状况。

25 北京市宁先生问：黄瓜第一片真叶上有斑，上面叶片没有，怎么回事？

北京市农林科学院蔬菜研究中心 研究员 张宝海答：

从图片看，初步推测是由黑膜下水分大、温度低，根系吸收障碍造成的生理反应。早春定植瓜果类，黑膜提高地温的效果不如透明膜好，如果用黑膜，注意水不能浇大，等温度升高以后再浇大水。

26 辽宁省喀左县闫先生问：黄瓜空心是什么原因引起的，怎么防治？

北京市农林科学院蔬菜研究中心 研究员 张宝海答：

从图片看，黄瓜发生了轻微的空心。空心和品种有关系，宜选择不易空心的品种。管理上注意水分充足均匀。温度过高、夜温高、蘸花等都会引起黄瓜空心，因此，管理上还要注意控温，尤其是夜间温度不要过高。

27 山东省网友"海阳白黄瓜网纹瓜"问：黄瓜叶片有黄斑，向外和向上发展，是什么病，怎么防治？

北京市农林科学院植物保护环境保护研究所 研究员 李明远答：

从图片看，像是锰肥过剩，和前一段时间水分失调，导致锰吸收过剩有关，一般无须防治。叶子黄，可以考虑叶面补肥，但第二张图片中的植株像是有白粉病，需要用药防治。

28 山东省寿光市蔬菜种植户问：黄瓜甲壳素用多了不长毛细根怎么办，有没有好办法?

北京市农林科学院植物保护环境保护研究所 研究员 李明远答：

甲壳素是一种比较稳定的物质，一般情况下，用多了不会出现不良的反应。据文献记载，为了使它多释放出来，需要碱性的条件。用户若担心是强碱性条件影响了根系的正常发育，需要与相关供应商取得联系，才能知道问题出在哪里。

29 北京市平谷区尹先生问：黄瓜叶片穿孔，是什么病，怎么防治？

北京市农林科学院植物保护环境保护研究所 研究员 李明远答：

从图片看，黄瓜叶片穿孔的情况像是发生了黄瓜黑星病。旁边的许多小点不是典型症状，需要观察这些小点的发展情况。如果小点也变成穿孔，那就是黑星病；如果不变，有可能不是。建议先按黑星病防治，用多菌灵防治一遍，以免防治不及时，导致瓜条腐烂。

30 网友“凌源黄瓜种植”问：黄瓜叶片发黄是怎么回事？

北京市农林科学院蔬菜研究中心 推广研究员 陈春秀答：

从图片看，黄瓜是生理性病害，表现为缺铁症状。主要原因：

（1）出现的位置湿度大或干旱；

（2）温度低；

（3）根系发育不好；

（4）养分不均匀等。

建议根据以上原因，加强管理，补充叶面肥，加上螯合铁，每周喷 1 次，共喷 3 次。

31 山东省青岛网友“青岛一海浪”问：黄瓜苗子栽 20 天左右，不发新根，怎么回事？

北京市农林科学院蔬菜研究中心 研究员 司亚平答：

从图片看，感觉土壤比较黏重，建议加强中耕，喷洒碧护进行缓解。

32 北京市东城区网友“优优不喝茶”问：黄瓜叶子长霉斑是怎么回事？怎么防治？

北京市农林科学院植物保护环境保护研究所 副研究员 黄金宝答：

从图片看，这是黄瓜白粉病。防治方法：

可用凯润（吡唑醚菌酯）、乙嘧酚、卡拉生（硝苯菌酯）、露娜森（氟唑菌酰胺加肟菌酯）、健达（吡唑醚菌酯加氟唑菌酰胺）等防治，使用最高浓度，间隔期 5 ～ 7 天，共 3 ～ 4 次。

此外，棚室采用变温管理，在打药、浇水等农事操作后，关闭风口，将棚温提高 6 ～ 8 ℃再放风，风口从小到大，若上、下午各两次，不仅有利于增加植株抗逆性，更有利于优质高产。

33 河北省梁女士问：小拱棚育苗的西瓜根部发黄、萎蔫后死亡，什么原因，如何防治？

北京市农林科学院植物保护环境保护研究所 副研究员 黄金宝答：

从图片看，地上部分叶片和地下的根都没有大问题，萎蔫几天就死了，与枯萎病的症状相似。可折断茎基部，如果中间的髓部变黄、变褐，就是枯萎病。可以用 50% 多菌灵、10% 苯醚甲环唑等灌根，药剂浓度比喷雾浓一倍，灌 2 ~ 3 次，间隔 5 ~ 7 天。

34 北京市大兴区武先生问：西瓜上面叶子伸展不开，长出的枝杈发软，是怎么回事？

北京市农林科学院蔬菜研究中心 研究员 张宝海答：

西瓜如果土壤不缺水，可能是土壤黏重或水大引起根系缺氧，从而导致根系较差，吸收不足。

35 北京市怀柔区韩女士问：西瓜在苗床上长得不错，定植后逐渐变蔫，是怎么回事？

北京市农林科学院蔬菜研究中心 研究员 张宝海答：

从图片看，西瓜苗有的根死了，严重的苗死了。如果定植前西瓜苗没问题，就是定植后水大沤根导致的。

36 江苏省赵先生问：西瓜叶子上有黄斑，是什么病，怎么防治？

北京市农林科学院植物保护环境保护研究所 研究员 李明远答：

从图片看，西瓜是由环境条件不良导致的生理病害，用户可检查前一段时间土壤湿度、环境温度是否出现过不适。如果新叶已经正常，说明不良环境已解除，将这些老叶打掉，无须再采取措施。

37 北京市某同志问：西瓜蔓枯病是什么原因引起的？如何防治？

北京市农林科学院植物保护环境保护研究所 副研究员 黄金宝答：

西瓜蔓枯病是常见的西瓜病害，因引起蔓枯而得名，此病在全国各地均有发生。该病是由瓜类球腔菌，属子囊菌亚门真菌侵染发病，以病菌的分生孢子器及子囊壳附着于病部混入土中越冬。来年温、湿度适合时，散出孢子，通过风吹、雨溅传播为害，种子表面也可以带菌。病菌主要经伤口侵入西瓜植株内部导致发病。西瓜蔓枯病在西瓜生长各个时期均可发生，以结果期发病最重。病菌适宜存活的温度在 25 ~ 30 ℃，土温低于 23 ℃，或者高于 34 ℃，则发病轻，土壤含水量高，湿度大时发病重。

防治方法：

（1）种子消毒。可选用 36% 三唑酮多悬浮剂 100 倍液浸种 30 分钟，或者 50% 复方多菌灵胶悬剂 500 倍液浸种 60 分钟，或者用 55 ℃温水浸种 20 分钟，捞出稍晾干后直接播种。也可以用种子量 0.5% 的 37% 抗菌灵可湿性粉剂拌种。

（2）毒土育苗。苗床土壤处理每立方米土用 50% 的多菌灵可湿性粉剂 80 ~ 120 克，混匀后做育苗土；或者用 50% 的甲霜灵可湿性粉剂（恶霜菌酯），每平方米用药 8 ~ 12 克，兑细土 8 ~ 10 千克制成药土，上盖下垫，可预防该病。

（3）合理轮作。与大田作物或非瓜类蔬菜作物实行 3 ~ 5

年轮作。

（4）药剂防治。已经发生过蔓枯病的西瓜地，要在蔓长 30 厘米时开始喷药。初发现病株的土地，要立即喷药，药剂可用 40% 福星乳油 8000 倍液、20% 氟硅唑 · 咪鲜胺 800 倍液、50% 扑海因可湿性粉剂 1000 ～ 1500 倍液、10% 世高水分散颗粒剂 3000 ～ 6000 倍液等，每 7 ～ 10 天喷 1 次，连喷 2 ～ 3 次。

38 山东省 网友"海浪"问：如图所示的瓜苗是怎么回事？

北京市农林科学院植物营养与资源研究所 助理研究员 左强答：

从图片看，主要是定植后出现不发苗或死苗现象，有些苗明显的烂根、新叶黄化。从土壤与水分管理角度可能是以下原因造成的。

（1）土壤种植年限较长或施肥量较大，导致土壤中含盐量较高，土壤表面聚集的白霜就是表征，这种高盐土壤中作物不易发新根，缓苗困难。

（2）定植水灌溉量过大，造成土壤中含水量过高，地温大幅度降低，通气状况也变差，根系呼吸严重受阻，导致根系生长不良，缓苗慢或死苗。

建议解决方案：

（1）改变畦式，做成 M 型畦，种苗定植在 M 型畦内侧的中部（非最高处，盐分一般在地表的最高处累积），降低盐害风险；

（2）测土施肥，种植前进行土壤测试，根据土壤的养分状况施肥，施肥时应增施有机质含量丰富的优质有机肥，如牛粪、羊粪等，减少化肥用量，避免施肥过量；

（3）低温季节（秋冬季或冬春季）灌溉时，一次性浇水量不要过多，应采取“小水勤浇”的方式，避免因浇水导致的地温降低，有利于根系的正常生长发育。

39 江苏省赵先生问：瓜苗成片的死苗是怎么回事？

北京市农林科学院蔬菜研究中心 推广研究员 陈春秀答：

瓜苗是发生了猝倒病。原因是温度低、湿度大、施用未腐熟的粪肥等。苗床通风不良，光照不足，也容易发生猝倒病。

防治方法：

（1）调节床土温度，增加光照，提高地温；

（2）选择抗病品种，播种前，用温汤浸种；

（3）齐苗后白天苗床或棚温保持在 25 ~ 30 ℃，夜间保持在 10 ~ 15 ℃，防止寒流侵袭。苗床或棚室湿度不宜过高，连阴雨或雨雪天气或床土不干应少浇水或不浇水，必须浇水时可用喷壶轻浇以免湿度过高；

（4）可以进行药剂防治，如72%普力克水剂500～800倍液、38%恶霜嘧铜菌酯800倍液、56%嘧菌酯·百菌清600倍液、72%霉疫清可湿性粉剂800～1000倍液、64%杀毒矾可湿性粉剂500～600倍液，每7天喷洒1次，连喷2～3次。

40 河南省网友"林夕"问：甜瓜苗茎部失水、干缩是怎么回事？

北京市农林科学院蔬菜研究中心 研究员 张宝海答：

从图片看，可能是发芽时温度过高，芽又长又嫩，突然受冷风冲击导致的失水、干缩。发芽后要逐步地放风，光照要充足。

41 北京市大兴区网友“鱼鱼目”问：甜瓜绿宝裂果是怎么回事？

北京市农林科学院蔬菜研究中心 研究员 张宝海答：

从图片看，可能是由水分不匀导致的裂果，种植过程中蘸花不当和夜温过低的情况下也会发生这种情况，可以针对性进行防治。

42 北京市房山区“爱你国安”问：如图所示，西葫芦是什么病，怎么防治？

北京市农林科学院植物保护环境保护研究所 研究员 李明远答：

从图片看，像是发生了西葫芦病毒病，需要检测才能确定。西葫芦病毒病多是虫传病毒，预防的方法是消灭传毒昆虫。植株已经发病，表明病毒已进入细胞，杀死病毒会伤到细胞。可以选用吗啉胍铜，再配合上增施肥料，减缓病毒增殖速度，从而减轻由病毒造成的影响。建议来年种植抗病品种，这是比较彻底的防传染方法。

43 门头沟区网友“羊吞虎”问：南瓜快开花了，是不是应该掐顶了？

北京市农林科学院蔬菜研究中心 研究员 张宝海答：

从图片看，南瓜秧子还小，开放的只是雄花，雌花刚长出未开放，还不到打顶的时间。生产上要等雌花坐住开始生长后，瓜前有 10 ~ 12 片叶时打顶。如果家庭种植，种的少，也可以不整枝、不打顶，这样不容易得病毒病，果实小但结的多、时间长。现在打顶，可以长出侧枝来，侧枝结果也可以。

45 北京市顺义区罗先生问：甘蓝苗根茎部位烂了是怎么回事，打什么药？

北京市农林科学院植物保护环境保护研究所 副研究员 黄金宝答：

从图片看，甘蓝苗根茎部位烂了是发生了猝倒病，最好用农药普力克进行防治。

46 北京市顺义区杨先生问：如图所示，土豆是什么病，怎么防治？

北京市农林科学院植物保护环境保护研究所 研究员 李明远答：

从图片看，像是发生了卷叶病毒病。卷叶病毒是一种虫传病毒，预防的方法是消灭传毒昆虫。当植株已经发病，表明病毒已进入细胞，一般防治的方法效果不好，只能减缓它的增殖速度。可以使用吗啉胍铜，再配合增施肥料，减轻病毒造成的影响。建议来年种植抗病品种，是比较彻底的防传染方法。

47 北京市房山区网友“石楼”问：大棚菠菜死了很多，是什么原因？怎么解决？

北京市农林科学院蔬菜研究中心 研究员 张宝海答：

连作种植小菜，地属阴寒，病菌多，所以菠菜夏季种植本身就难度大，如果赶上高温、闷湿的天气，极易引发病害。夏季种植菠菜见雨水就死，最好选择没有种过小菜的棚，或者经过高温焖棚或土壤消毒的棚，选择耐热的品种，最好使用高畦种植，阴天不能浇水或打药防治病害。

48 北京市昌平区网友“中明”问：京脆1号水果萝卜苗很细，出现倒伏，怎么回事？

北京市农林科学院蔬菜研究中心 研究员 张宝海答：

从图片看，是由光照不足导致的，此处光照条件可以勉强种植油菜、菠菜，但不满足萝卜的种植条件。

49 北京市房山区网友"自然"问：如图所示，白菜上是什么虫子，怎么防治？

北京市农林科学院植物保护环境保护研究所 推广研究员 石宝才答：

从图片看，是大猿叶虫的幼虫，防治用甲维盐或菊酯类农药都可以。

50 北京市昌平区王女士问：白菜叶片上有斑，是什么病，怎么防治？

北京市农林科学院植物保护环境保护研究所 研究员 李明远答：

从图片看，是发生了白菜黑腐病，属于细菌。从叶边缘的水孔侵入，可用可杀得或农用链霉素防治。但是目前大白菜已封垄，进地打药容易引发软腐病，如果地块扇小，在畦边用药。

51 北京市大兴区"禾田源合作社育苗基地"问：豆角地怎样抗重茬？

北京市农林科学院蔬菜研究中心 推广研究员 陈春秀答：

豆角重茬病害不是很严重，可以连续种 2 ~ 3 次再倒茬。如果出现产量下降，早衰现象，解决办法：

（1）与其他蔬菜轮作倒茬，如与番茄、辣椒等轮作；

（2）利用土壤消毒，收获豆角后，可以进行土壤处理，通过石灰氮、棉隆等熏棚，或者杀菌剂进行土壤消毒；

（3）施用生物菌肥和腐熟有机肥，增加土壤有益微生物，改善土壤状况来减轻重茬危害。

52 北京市海淀区王女士问：北京春天露地一般种植什么蔬菜？

北京市农林科学院蔬菜研究中心 研究员 张宝海答：

春天是播种的季节，大部分蔬菜都可以种，但有两个重要的节点：一个节点是 3 月下旬，冷凉性蔬菜直播或定植，直播的蔬菜有水萝卜、樱桃萝卜，油菜、快菜、蒿子秆、茼蒿、茴香、香菜、菠菜等，育苗移栽的蔬菜有甘蓝、菜花、生菜、莴笋、芹菜等；另一个节点是 4 月下旬，就是谷雨前后的时节，喜温类和高温类的蔬菜可以直播或定植，育苗移栽的蔬菜有黄瓜、番茄、大椒、南瓜、西葫芦等都可以定植；鲜食玉米、毛豆、豇豆、空心菜、木耳菜、苋菜等都可以直播。甘薯、苦瓜、瓠瓜、丝瓜最好在 5 月 1 日左右播种或定植。

53 河北省廊坊市网友"宏"问：意大利生菜长出的苗太弱了，怎么回事？

北京市农林科学院蔬菜研究中心 研究员 张宝海答：

从图片看，意大利生菜苗较弱的主要原因是光照不足。天气凉爽了，可以进行全天的直射光照。种子一发芽，就应该接受充足的光照。如果光照弱，温度高就会出现高脚苗；如果长时间没有直射光，植物不能进行光合作用，就会死掉。

54 江苏省网友“海鸥”问：如图所示，菠菜是发生了什么病？

北京市农林科学院植物保护环境保护研究所 研究员 李明远答：

从图片看，是菠菜霜霉病，已经很严重。可以用打霜霉病的药试试看，如克露。发生在叶背，喷洒时注意喷叶背，否则很容易出现疏漏。

55 河北省网友“lph 李”问：盖菜烂是怎么回事?

北京市农林科学院植物保护环境保护研究所 研究员 李明远答：

从图片看，盖菜烂是发生了褐腐病，用多菌灵应当有效。

56 北京市通州区网友“冰冷外衣”问：如图所示，萝卜表皮是怎么回事？

北京市农林科学院蔬菜研究中心 研究员 张宝海答：

从图片看，可能是由蛞蝓啃食造成的，可以用麸皮拌农药进行防治。

57 云南省王先生问：结球生菜苗叶子上的黑点是什么引起？

北京市农林科学院植物保护环境保护研究所 研究员 李明远答：

从图片看，大面积的结球生菜苗似乎遭受过冷害，变黑的植株也许是受害重的那部分，后来又发生了腐生菌，不像传染病。

58 江苏省网友“海鸥”问：如图所示，茼蒿是冻的还是湿气太大？

北京市农林科学院蔬菜研究中心 推广研究员 陈春秀答：

从图片看，茼蒿点片死亡，原因有以下几点：

（1）土壤比较黏重，发生苗烂的地方，地势比较低，容易积水，导致根腐、茎基腐病的发生；

（2）目前正处在冬季，温度低，棚内湿度大，光照不足，也会引起茎基腐病、根腐病的发生；

（3）种植的密度过大，再加上土壤黏重，一次浇水又过多，就会引起烂苗的发生。

建议：及时把烂的苗清除，进行中耕；冬季浇水时，每次水量不要过大，避免积水，同时，防止地温过低。

59 云南省王先生问：如图所示，上海青叶上的褐斑是什么原因引起的？

北京市农林科学院植物保护环境保护研究所 副研究员 黄金宝答：

从图片看，叶上的褐斑应该是生理病害，是由油菜生长中的环境不适造成的，不需要用药。看油菜也不小了，收获时将病叶去掉即可。

60 北京市大兴区网友“上善若水”问：白菜叶上有小白点是怎么回事?

北京市农林科学院蔬菜研究中心 推广研究员 陈春秀答：

从图片看，白菜叶上出现白点有可能是由日灼造成的。分析原因要看是否上面盖过薄膜使生长环境温度高，烤伤叶片，或者生长环境温度高，突然降温导致叶片失水。此外，用过农药或叶面肥导致叶片药害或肥害。

61 河南省网友“梦+河南”问：大蒜发生了锈病打什么药?

北京市农林科学院植物保护环境保护研究所 研究员 李明远答：

大蒜锈病可以用：多菌灵、三唑酮（粉锈宁）、苯醚甲环唑（世高）、啶氧菌酯（阿砣）。可根据各地病菌的抗药性和经济条件选择。

62 河北省蔬菜种植基地问：豆角形状不好是怎么回事?

北京市农林科学院蔬菜研究中心 研究员 张宝海答：

从图片看，为豆角果实畸形，是生产上常见的现象，主要是由水肥或管理不当引起。在管理上，注意温度不可过高或过低、过于干旱，易出现授粉不良或营养不良或挂果过多等现象。如果保护地栽培，注意通风良好，水肥供应需均匀。

63 江苏省网友"海鸥"问：韭葱地里的杂草繁缕怎么防治？

北京市农林科学院植物保护环境保护研究所 研究员 李明远答：

有过小麦防治方面的经验，韭菜属于单子叶植物，可以使用防治小麦田牛繁缕的方法试试。

小麦使用麦田防除阔叶杂草的茎叶处理剂苯磺隆、氯氟吡氧乙酸、二甲四氯、灭草松、唑草酮、乙羧氟草醚、溴苯腈等及其混配剂，以及双氟·唑嘧胺（麦喜）、啶磺草胺（优先）等，对繁缕和牛繁缕均有不同程度的防效。

可先用药处理一点试试，如果可行，再大面积的应用。

不过韭菜也不一样，如果是种子苗，安全度差一点。如果是老根韭菜，只要不使用草甘膦等内吸性的除草剂，应当问题不大 。虽然可能有点药害，但是再长出的叶片问题就不大了。

64 江苏省网友“海鸥”问：蔬菜浇水后土壤发红，是怎么回事？

北京市农林科学院植物保护环境保护研究所 研究员 李明远答：

从图片看，浇过水后，土壤颜色不仅变红，还发灰，说明土壤盐碱含量较高。建议多施用牛粪，降低土壤的盐分含量；可以利用小高畦种植，防止往上返盐分；也可以利用浇大水的方式降低盐分。

65 北京市延庆区蔬菜种植户问：土豆掐花增产是真的吗？

北京市农林科学院蔬菜研究中心 研究员 张宝海答：

马铃薯现蕾以后马上进入开花期，需要消耗大量养分。为避免这种无效消耗，应及早打顶并把花蕾摘掉，一般能增产5% ~ 15%，特别是花芽较多，生长旺盛的品种，摘心摘花后增产幅度更大。

66 北京市海淀区赵先生问：东北冬季温室里种植南瓜是否可行？可以做到一年两季收获吗？

北京市农林科学院蔬菜研究中心 推广研究员 陈春秀答：

南瓜是喜温、喜光的蔬菜。如果能保障最低温度不低于15 ℃，光照在8 ~ 10小时，那么就可以种植。不必越冬栽培，可以早春一茬，夏秋一茬，就可以实现一年两茬了。

67 河北省王先生问：陆地芹菜适合种什么品种？

北京市农林科学院蔬菜研究中心 研究员 张宝海答：

一般选择西芹品种，商品性好，市场认可度高，如文图拉、皇后等。芹菜都不耐热、不耐干旱、强光，最好安排在适合芹菜生长的季节。如果温度过高，就要采取降温的措施。芹菜苗龄一般 50 ~ 60 天，时间长，要提前安排好育苗，目前没有明显抗热的品种。

68 河南省张先生问：河南种黄秋葵什么时间育苗移栽？

北京市农林科学院蔬菜研究中心 推广研究员 陈春秀答：

一般情况下，秋葵要求生长的温度不低于 15 ℃，用户所在地区，或者种植的环境温度能达到秋葵所需的温度就可以定植。苗龄在 40 ~ 45 天。

69 北京市网友"风中飞舞的蝴蝶"问：水生植物夏季总是有绿苔和蜗牛怎么办？

北京市农林科学院蔬菜研究中心 推广研究员 陈春秀答：

光照比较强，有利于绿苔生长。所以，种植水生植物之前要把水放干净，可以撒些杀菌剂；种植密度要合理，如果密度过小，光线透过植物表面，绿苔就会生长的快。

蜗牛防治方法：可以使用生石灰和草木灰。如果种植面积不大，可以在田地周围撒草木灰或生石灰，这样就可以避免外面的蜗牛跑到田块里边去；采用四聚乙醛，防治蜗牛。颗粒剂可以直接撒到田块里边，下雨后，需要再次撒施。粉剂需要均匀喷在作物上面和地面，也可以用麦麸做毒饵，将麦麸炒香，利用香味引诱蜗牛进行杀灭。

70 北京市某同志问：种植有机蔬菜选用潮汐苗床真的可以提高产量吗?

北京市农林科学院蔬菜研究中心 研究员 张宝海答：

潮汐育苗只是一种育苗方式，别的方式育苗，方法得当，也都可以育出好苗。种植蔬菜与选不选用潮汐育苗，没有直接的关系。

71 北京市某先生问：3月能不能在自家房后面种露地香菜?

北京市农林科学院蔬菜研究中心 推广研究员 陈春秀答：

香菜虽然是喜冷凉的蔬菜，但也需要一定温度才能发芽、生长。香菜发芽温度在 10 ~ 18 ℃，3 月北京的房子后面没有阳光，地表温度还很低，冰尚未融化，即使现在播种也不能发芽，需等地温升高到 10 ℃以上再播种。

72 山东省栖霞市网友"栖霞福源蔬菜"问：想在水库水面上种点速生菜，应该怎样操作？

北京市农林科学院蔬菜研究中心 研究员 张宝海答：

水芹、豆瓣菜是喜冷凉的水生蔬菜，空心菜是高温水生蔬菜，可以夏季种植。水生蔬菜可以把苗子扔在水里或采用飘浮板进行种植。

73 河南省网友“春天的风”问：大蒜叶子紫色，地上部分萎缩、腐烂，叶根部发现白卵，根部有幼虫，是什么问题，如何管理？

北京市农林科学院植物保护环境保护研究所 研究员 李明远答：

从图片看，目前大蒜根系还不错，可能是前一段时间在水肥供应上出了问题，导致叶尖发黄、变紫、枯萎。

要检查一下植株是否生有根蛆，如果有，可使用吡锌乳油灌根（1000 倍液）。叶片上的白卵，可能是根蛆成虫产在叶面的卵。它孵化后还会到根上为害。为避免继续为害，可在根茎处喷些辛硫磷，进行防治。如果是在保护地中，可以采用瓜黄色粘虫板的方法，杀灭成虫（小蝇子）。

74 广西壮族自治区张先生问：土壤盐分偏高能种植叶菜吗？如果不能种植怎么改良土壤？

北京市农林科学院蔬菜研究中心 研究员 张宝海答：

土壤盐渍化指标可以用电导率（EC）来进行评级，$EC < 0.5$ mS/cm 时，EC 值越高，蔬菜生长越好；当 $EC > 0.5$ mS/cm 时，土壤开始超标，不耐盐蔬菜吸收水分养分受阻，应控制肥料（盐分）投入；$EC = 0.6 \sim 0.8$ mS/cm 时作物生长受到抵制，产量明显下降；$EC > 1.0$ mS/cm 时，土壤开始出现次生盐渍化障碍，作物出现生理障碍，产量显著降低；$EC > 3.0$ mS/cm 时，土壤已经严重次生盐渍化，作物枯萎死亡；$EC > 4.0$ mS/cm 时，土壤为盐渍土，不适宜作物种植。

因此地块种植前应该进行土壤测试，根据结果选择适合的作物。

如果土壤盐分含量较高且还没有达到出现作物生理障碍的水平，是可以种植叶菜的，种植时也可采取一些压盐的措施。

（1）增施优质有机肥，提高土壤有机质含量，从而提高土壤的耐盐性。

（2）种植前可灌溉一次大水，进行洗盐或压盐。

（3）盐分多在土壤表面的高处累积，可以改变做畦的方式，将作物种植在畦底或垄底，能降低盐害的发生。

（4）种植耐盐碱作物，如芹菜比油菜的耐盐性强。

75 吉林省某先生问：毛葱地里施什么肥好？

北京市农林科学院蔬菜研究中心 研究员 张宝海答：

要想品质好，后期就要多施些钾肥，钾可以提高品质，提高耐贮性。任何蔬菜种植施肥都要以有机肥为基础，然后适当的追施化肥（生长前期以氮肥为主，后期以钾肥为主）。因葱的辣味和硫有关，后期可选用硫酸钾作为追肥。

（一）苹果

1 北京市海淀区某先生问：苹果树枝条皮部纵向开裂，是什么问题？

北京市农林科学院植物保护环境保护研究所 高级农艺师 徐筠答：

从图片看，是知了为害所致，防治措施有以下几点。

（1）结合冬春修剪管理，彻底剪除产卵枝并烧毁，以消灭卵。

（2）在每年6—9月老熟若虫出土羽化期，将果树离地一米左右地方缠绕胶带，早上和晚上可以轻松捕捉出土若虫和刚羽化的成虫。

（3）在若虫入土时，在被害株下喷浇50%辛硫磷乳油1000倍液或2.5%功夫乳油2000倍液或48%乐斯本乳油1000倍液。

（4）在秋季可以捕捉成虫，在夜晚的果园旁点燃篝火，然后摇晃果树，知了有趋光性，很容易被引入火堆或火堆的旁边，方便捕捉。

2 北京市海淀区孟先生问：苹果树上的叶子发黄，脱落是怎么回事？

北京市农林科学院植物保护环境保护研究所 高级农艺师 徐筠答：

从图片看，树叶发黄、脱落是发生了苹果褐斑病。此病菌可产生毒素，促进叶柄离层形成，造成叶片脱落。多雨年份果园湿度大，通风透光条件不好的果园易发生苹果褐斑病。病菌在落叶上越冬，一年中有多次侵染，一般5月进行初次侵染，6月在树体下部叶片上可见到少量病斑。7—9月病叶急剧增加。

防治措施如下。

应及时清扫落叶，减少越冬病原，雨季及时排除积水，降低果园湿度，加强夏剪工作，改善通风透光条件。

使用农药是重要手段之一，可使用农药的品种有

1 ∶ 2 ∶ 200 ～ 240倍波尔多液；77%蓝盾铜可湿性粉剂600倍液；56%靠山水分散粒剂700 ～ 800倍液；86.2%铜大师可湿性粉剂800 ～ 1200倍液；12%绿乳铜悬浮剂1000 ～ 1200倍液；50%必绿可湿性粉剂3000 ～ 4000倍液；75%达科宁可湿性粉剂600 ～ 800倍液加有机硅3000倍液；80%大生M-45可湿性粉剂600倍液加有机硅3000倍液。6月底以前使用达克宁、大生-45。进入7月后，使用波尔多液等铜制剂，这些农药都是保护性杀菌剂。喷雾必须使叶片正反面均匀着药效果才好。15天左右喷1次，一般年份8月底结束。秋雨多的年份可以到9月中下旬结束喷药。每年8月20日左右增施有机肥。

3 北京市门头沟区网友"青青"问：如图所示，苹果树叶片是怎么回事？

北京市林业果树科学研究院 研究员 鲁韧强答：

从图片看，苹果幼树发生了严重的褐斑病，会造成大量落叶。需立即喷大生 M-45，甲基托布津或多抗霉素，每 5 ~ 7 天喷 1 次，连喷 2 ~ 3 次，交替用药，药液加 3000 倍有机硅助剂。可保住新梢上部叶。

4 北京市密云区某同志问：如图所示，苹果树是发生了什么病，怎么防治？

北京市农林科学院植物保护环境保护研究所 高级农艺师 徐筠答：

从图片看，是发生了苹果锈病，锈病又名赤星病、羊胡子病等，病菌在桧柏树病部组织中越冬。春季3月间随风雨侵入苹果、海棠，梨树等的嫩叶、新梢、幼果上。果树在展叶20天内最易受侵染。

防治方法如下。

（1）果园5000米范围内不能种植桧柏等寄主植物。

（2）早春在果园周围不能砍的桧柏上喷波美2～3度石硫合剂，或者100～160倍波尔多液1～2次。

（3）在苹果树萌芽至展叶后25天内施药保护果树。第一次用药掌握在苹果树萌芽时期进行，喷1∶2∶240倍波尔多液，每10天喷药1次，连续2次。若降雨量大，应在花前喷1次，花后喷1～2次25%三唑酮（粉锈宁）粉剂或乳剂

3000 ~ 4000 倍液加有机硅 3000 倍液效果很好。如果生长后期果实已受侵染，喷 1 次 25% 粉锈宁 3000 ~ 4000 倍可以控制病情。

5 北京市延庆区小丁问：怎么防止苹果被鸟啄食？

北京市林业果树科学研究院 研究员 鲁韧强答：

防鸟最好的办法是架设防鸟网，条件不够可悬挂驱鸟剂。驱鸟剂的密度应保证能在果园上空形成持久气味层，才能起到驱鸟的作用。此外果园分区养鹅，每区面积 20 亩，每亩 1 只。鹅是巨形大鸟，具有很强的领地意识，有入侵的喜鹊等会狂叫驱赶。同时，养鹅还有辅助果园除草作用，秋后鹅还可卖钱，一举三得。

（二）梨树

6 北京市门头沟区李先生问：梨树疏果留得多了，还需要再疏果吗?

北京市林业果树科学研究院 副研究员 刘军答：

从图片看，用户留果量稍多，可将部分小果、弱果再疏除一些，但需要把握好度。留果多少，一方面是看果长多大合适，要果个头小点儿，就可以多留些；另一方面是看树的长势，树势强，满树冒条，可多留，树势弱则要少留果。

7 河北威县顾先生问：雪青品种梨的新叶变黄，是缺素还是缺肥？

北京市林业果树科学研究院 研究员 鲁韧强答：

从图片看，雪青新梢发黄的叶片，多数是雪青品种在速长期的特有表现，只有少数是缺铁症。随着时间推移，新梢停长，叶片就会转绿。若此期结合喷药喷 0.3% 尿素加 0.2% 硫酸亚铁，可加快叶片转绿。

8 北京市门头沟区网友“北京百旺创新”问：梨上的小黑点是什么？需要处理吗？

北京市林业果树科学研究院 研究员 鲁韧强答：

从图片看，梨果面上的小黑点，是药物污染了果点的栓化组织，形成了抹不掉的黑点，没有什么处理方法能改变果面。

9 湖北省柳先生问：梨树喷了烯唑醇浓度有点重，有个别树有落叶现象，可以喷芸苔素缓解抑制生长作用吗？

北京市林业果树科学研究院 研究员 鲁韧强答：

唑类药物都有减少赤霉素合成，抑制新梢生长的作用。过去在桃树生产中多效唑用量过度，喷 50 ppm 赤霉素矫治有效果。芸苔素没用过，它可刺激新梢生长，可能会有缓解药害的作用。

10 北京市某先生问：梨树叶片出现红色疹子是怎么回事？

北京市农林科学院植物保护环境保护研究所 高级农艺师 徐筠答：

从梨叶被害状看，叶片有微小疱疹，叶子卷边，严重变黑，初步判断是梨叶肿病，即梨瘿螨为害所致。此螨体型微小，约200纳米，肉眼无法看到。

防治措施如下。

（1）梨树花芽膨大期为该螨从芽鳞下出蛰盛期，应喷1次波美5度石硫合剂和3%的柴油乳剂，杀死越冬瘿螨。

（2）秋冬落叶后及时清洁梨园。

（3）药剂防治可选用杀螨剂，如15%哒螨灵3000倍液加有机硅3000倍液、1.8%阿维菌素5000倍液加5%尼索朗乳油2000倍液（或杀螨卵剂）加有机硅3000倍液，于发生初期喷洒。

（三）桃、李、杏

11 山东省青岛市网友“花婆婆”问：寒露蜜桃尖头上出油，是什么原因？怎么防治？

北京市林业果树科学研究院 研究员 鲁韧强答：

从图片看，桃青果上的问题是裂果伤口造成的流胶。寒露蜜桃果实膨大期晚，是极晚熟品种，8 月雨水多，树上温湿度变化大部位的桃果，吸水膨胀导致裂果，使伤口处流胶。

防治措施：

（1）注意雨季排水，减少根系对水分的吸收，防止裂果；

（2）雨后及时喷杀菌剂，预防病害，同时在药液中加 0.3% 尿素和 0.3% 氯化钙，活化果皮增加果皮韧度。喷硝酸钙等也具有相同作用。

12 北京市丰台区网友"弥漫你的幸福"问：桃是硬的，采摘的时候容易撕皮，是怎么回事?

北京市林业果树科学研究院 研究员 鲁韧强答：

从图片看，这种撕皮的现象与品种特性有关。一是蟠桃的梗洼平展，果梗与果实着生面积大拉力较大；二是有的品种有离皮特性。这样原本就易离皮品种，加上果梗与梗洼结合处拉力大，在采摘成熟的果实时，很容易将离皮品种梗洼处的果皮扯下来。

13 北京市平谷区张先生问：如图所示，桃树叶子上有虫卵，是什么虫卵，怎么防治？

北京市农林科学院植物保护环境保护研究所 高级农艺师 徐筠答：

从图片看，是茶翅蝽卵，防治措施有以下几点。

（1）在秋冬季节要特别重视在向阳的坡上、房子、墙上人工捕杀成虫。减少果园周围茶翅蝽的数量，从而减少迁入量，是防治茶翅蝽的关键。

（2）5月底至6月初，成虫产卵期，在桃树叶背面查找卵块摘除。

（3）果实套袋，可以有效降低该虫的为害。

（4）药剂诱杀：利用茶翅蝽喜食甜液的特性，配制毒饵诱杀，采用20份蜂蜜、19份水，加入1份20%灭扫利乳油，混合成毒饵涂抹在果园四周茶翅蝽喜欢植物（如泡桐、槐、杨等）的2 ~ 3年生枝条上，在无雨情况下，药效可达10天左右。

（5）药剂防治：6月5日左右，在茶翅蝽初孵若虫时期防治，杀灭第一代卵及初孵若虫，注意仔细喷叶背面。可选药剂：5%氯氰菊酯乳油1000倍、2.5%溴氰菊酯乳油3000倍。生物杀虫剂，如苏云金杆菌（Bt）、烟碱类、枯草芽孢杆菌，井冈霉素、阿维菌素、芸苔素内酯、春雷霉素等。以上药剂加有机硅3000倍液可以增加防效。

14 北京市平谷区张先生问：桃树枝条外边皮被吃了一圈，是什么虫子危害的，怎么防治？

北京市农林科学院植物保护环境保护研究所 高级农艺师 徐筠答：

从图片看，是天牛啃食嫩树皮造成的。天牛成虫羽化后，有的需进行补充营养，取食花粉、嫩枝、嫩叶、树皮、树汁，或者果实、菌类等，有的不需补充营养。

15 北京市海淀区李先生问：桃树施基肥用豆饼，该如何施用？用量多少？要不要腐熟，豆饼怎么腐熟？

北京市林业果树科学研究院 研究员 鲁韧强答：

豆饼的含氮量高达7%，从施肥经验计算，每500千克桃可施豆饼35～50千克，但还需补充磷钾肥才能平衡。

豆饼做肥料必须充分腐熟才能施用。豆饼C/N比较低且堆制后透气性差，发酵较慢，需掺入木屑、秸秆、蘑菇棒渣等增加透气性，且补充钾素含量。将所有物料喷水浸湿，最好混加制肥酵素或三安制肥菌剂，每吨需5千克，掺匀后将含水量保持在60%，进行堆制。待温度上升至60℃以上时，开始翻倒使堆内外掺混均匀，并继续发酵。一般翻倒两次就可以腐熟完全，温度不再上升，即可使用。

16 北京市房山区网友“爱你国安”问：瑞蟠21没有花蕾怎么回事？

北京市林业果树科学研究院 研究员 鲁韧强答：

桃树极易形成花芽。一般在6月底以前发出的新梢都能形成花芽，而7月以后生长的新梢就很少能形成花芽了。从图片看，桃树可能前期生长较弱，多数新梢都是后期发生的，所以不能形成花芽。

17 河北省保定市网友"屋顶盆栽超级大桃"问：桃果裂核是什么原因?

北京市林业果树科学研究院 研究员 鲁韧强答：

桃裂核有两种情况，一种是早熟桃，因果实发育期短，果核还没有充分木质化，在果实膨大横向生长期间将果核拽开；另一种情况是中晚熟品种，进入果实迅速膨大期后，一些枝头大果横向膨大生长剧烈，将已发育成熟的果核拽开，形成裂核。

一些离核品种也会因果实横向膨大的张力，使果核和果肉分离，甚至梗洼处出现裂缝，易灌入雨水使果肉溃败，造成损失。

总之，生产超大果实才易出现裂核现象，也易因缺钙而不耐储藏。对易裂核的桃品种，在疏果时，树冠上部和外围的果枝多保留 1 ~ 2 个果，避免特大型果产生，即可避免出现裂核现象。

18 山东省烟台果树种植户问：桃子全部是“花脸”，怎么回事？

北京市农林科学院植物保护环境保护研究所 高级农艺师 徐筠答：

从图片看，是发生了桃疮痂病。病菌寄生能力较强，可直接侵入果皮，在果实上产生褐色圆形斑点。病斑直径 2 ~ 3 毫米，严重时病斑连在一起，可龟裂。新梢和叶片也可染病。病菌是用菌丝在病枝梢上越冬，次年春天 5 月产生传播体（孢子）经气流传至果实、枝叶并直接侵入。病菌侵入后暂不表现症状，需经 20 ~ 70 天的潜育期才表现症状。桃果实症状多在 7—8 月出现，多雨年份发生严重。

防治疮痂病主要依靠用药。套袋前或对已经侵入果实的病菌，在 5 月下旬和 6 月上旬各喷布一次。选择使用的农药品种有 40% 福星乳油 8000 倍液、10% 世高水分散粒剂 5000 倍液、40% 腈菌唑可湿性粉剂 8000 倍液、62.5% 仙生可湿性粉剂 600 倍液。还可选用的农药有 75% 的达克宁 800 倍液、80% 大生 M-45

600 倍液、70% 代森猛锌 500 倍液、70% 甲基托布津 1000 倍液、50% 多菌灵 500 倍液。一般从落花后幼果期首次喷药，每 15 天喷 1 次，持续到采果前 15 天。

19 北京市昌平区韩女士问：如图所示，桃树上是什么虫子，用什么药？

北京市农林科学院植物保护环境保护研究所 高级农艺师 徐筠答：

从图片看，是草履蚧壳虫为害，防治方法如下。

（1）在每年2月下旬若虫上树之前，树干缠6～10厘米宽粗胶带，防止若虫上树。

（2）若虫上树前，用6%的柴油乳剂喷洒根颈部周围土壤。

（3）保护好黑缘红瓢虫等天敌。

（4）药剂防治。若虫上树初期喷杀蚧壳虫的药，草履蚧壳虫目前打药有点晚了。

可选择下列杀蚧壳虫的药剂：25%扑虱灵可湿性粉剂

1500 ～ 2000 倍液加有机硅 3000 倍液、40% 速灭蚧 1000 倍液加有机硅 3000 倍液、28% 蚧宝乳油 1000 倍液加有机硅 3000 倍液、速蚧克 800 倍液加有机硅 3000 倍液。

20 北京市海淀区鄂先生问：三年的主干型晚熟毛桃花后叶片萎蔫不伸展，掉叶、掉花，枝条干抽，毛细根褐变是什么原因，如何治疗？

北京市林业果树科学研究院 研究员 鲁韧强答：

从图片看，春季生长极弱的三年生主干形桃树，从上年枝条生长量看较为正常。春天萌芽展叶很弱，可能与湿冷及冻害有关。查看一下树根茎部位是否有烂皮现象的冠腐病，树干皮层内的形成层是否有变褐现象。如果根颈部位有问题，应该是湿冷导致的，可以通过扒土降低土壤湿度，增加温度、促进生长；如果形成层有变褐现象，则是冻害导致的，在增温保墒的基础上，及时补肥和喷施叶面肥增加营养，可促进桃树恢复、生长。

21 四川省大英县李先生问：桃树苗施尿素产生叶面肥害，怎么解决?

北京市林业果树科学研究院 研究员 鲁韧强答：

桃苗土施尿素过多会导致铵中毒，出现烧叶现象。

解决办法：

（1）灌大水稀释土肥溶液浓度；

（2）土施 EM 菌等菌剂加快氮素消耗；

（3）叶面喷 E 离子硅钛肥和腐殖酸解毒、刺激生长。

22 河北省玉田县王先生问：油桃的果实畸形，是什么原因造成的？

北京市林业果树科学研究院 研究员 鲁韧强答：

从图片看，第一张油桃幼果果实有些畸形，可能与谢花后低温冻害有关；第二张有长形疤痕的幼果，是被尺蠖幼虫啃食果皮后形成的愈伤组织。

23 天津市网友“天津市～菜青虫”问：桃子裂果怎么办？

北京市林业果树科学研究院 研究员 鲁韧强答：

油桃裂果，是水分失调引起的。一般情况是在果实膨大前土壤干旱或树势较弱，根系吸收水分能力差，导致油桃幼果的果皮角质化，延展性减弱。当果实进入膨大期，老化的果皮不能适应迅速膨大的果肉细胞而被胀裂，形成裂果。出现这种裂果现象的弱树多于强势树，油桃多于毛桃，树冠外围多于内膛。

24 河北省网友“河北省菜青虫”问：大棚桃树硬核期施冲施肥、氮、复合肥等，果膨大不起来，怎么回事？

北京市林业果树科学研究院 研究员 鲁韧强答：

从图片看，桃树生长情况正常，多效唑控梢效果很好，肥料用量也很大，分析果实膨大不会有问题。早熟桃果实发育期短，要到采摘前一周才会迅速膨大，应该是还没到膨大的时候。也可能与连阴雨光照不足和气温较低，推迟成熟期有关系。

25 北京市海淀区赵先生问：桃树树干发褐色，是什么病，怎么防治？

北京市农林科学院植物保护环境保护研究所 高级农艺师 徐筠答：

从图片看，可能是由桃树干腐病造成的流胶病。现在的症状是发病初期，病斑以气孔为中心突起，呈现暗褐色，表面湿润。桃树流胶病分为真菌性、生理性和细菌性流胶病三种。

（1）生理性流胶病表现为树皮开裂渗出胶液，流胶量大而多，胶液下病斑皮层变褐坏死。病虫伤，机械伤，雨水多，土壤过湿、黏重，定植过深，追肥不当，结果过多等原因均可引起发病。

（2）真菌性流胶病表现为病部枝干皮层呈疣状隆起或在皮孔周围出现凹陷病斑，从皮孔渗出胶液，常导致枝干枯死。

（3）细菌性穿孔病也可以引起细菌性流胶病的发生。

防治措施：

防治枝干流胶病的关键是培养壮树，用药只是手段。

（1）重视增施有机肥（每年8月底前施肥），严格控制氮肥，避免过量，可按氮、磷、钾2：1：2的比例施肥。

（2）冬、春两季树干刷白，预防冻害和日灼伤，生石灰10份、石硫合剂2份、食盐1份、植物油0.3份、水40份，搅拌均匀后进行树干涂白；加强对天牛、桃蚜、桃瘤蚜、根系等病虫害防治，减少虫伤危害树皮。可以结合冬季修剪，刮除病斑，剪除的病枯枝干需集中烧毁。

（3）防止结果过量，做好疏花疏果工作。如果去大枝，应在采果后进行，并及时在伤口处涂抹2%农抗120水剂10倍液。

（4）避免在黏土、低洼潮湿的地方种植，排水要好，避免雨季积水，干旱时小水常浇。

（5）化学防治：用药预防侵染，作用有限。

5月中下旬，刮除病皮后，对少数流胶部位用75%百菌清100倍液、45%果腐速克灵水剂5倍液、噻唑锌100倍液加腐必清100倍、5～10倍果富康、50倍杀菌优等涂抹伤口，7月上旬再涂一次，连治两年。流胶过多的枝干则无保留价值。

真菌性流胶病和细菌性流胶病发生初期，即落花后7天，可结合防治叶片真菌穿孔病和果实疮痂病，树上喷药首先选择72%农用硫酸链霉素可溶性粉剂3000倍液。其他选择80%福星8000倍液、10%世高5000倍液、65%代森锌400～500倍液、80%大生M-45 600倍液或75%百菌清800倍液，每15天喷1次，连喷2～3次，交替使用上述药剂。

26 吉林省吉林市李先生问：桃苗根部发霉，怎么治疗？

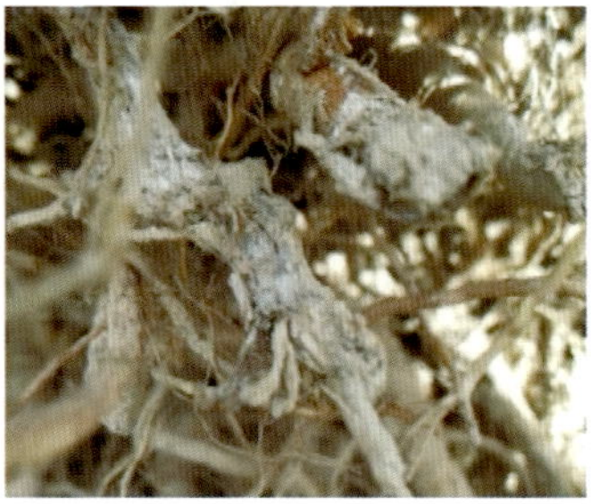

北京市农林科学院植物保护环境保护研究所 高级农艺师 徐筠答：

从图片看，可能是假植时起苗晚、温度过高、失水，导致根部腐烂。另外，桃树极易发生根癌病，建议在定植时做必要的防治措施。

桃树根癌病防治措施如下。

（1）播种前种子处理：将抗根癌剂Ⅲ号生物农药菌剂加 1 ～ 2 倍水后调匀拌（浸）种，或者直接用菌剂覆盖种子催芽。

（2）定植时，用抗根癌剂Ⅲ号加水 1 ～ 2 倍调成黏泥状蘸根，药液要超过根茎部 5 厘米。蘸根后尽快栽植，避免阳光。苗木假植或定植前沾根比例为 1 千克处理 40 ～ 50 株，此法的防效达 95% 以上。

（3）将已患病幼树的根部癌瘤剪除，然后用抗根癌剂Ⅲ号加水 1 ～ 2 倍涂抹伤口，防效为 47.1%，可见抗根癌剂预防效果好于治疗效果。

（4）重病和病死株，及时挖除烧毁。

（5）抗根癌剂Ⅲ号生物农药菌剂产品市面上有售，注意鉴别购买。

27 四川省大英县李先生问：如图所示，桃树叶片是怎么回事？

北京市林业果树科学研究院 研究员 鲁韧强答：

从图片看，桃苗的新梢顶部叶发黄，应该是发生了缺铁症。是由雨水多、生长快和土壤透气差造成的，需要松土透气和喷 EDTA 螯合铁矫正。

28 安徽省网友“知足常乐”问：桃缩叶病怎样防治？

北京市农林科学院植物保护环境保护研究所 高级农艺师 徐筠答：

在早春桃发芽前喷药防治，可达到良好的效果。如果错过这个时期，在展叶后喷药，不仅不能起到防病的作用，而且容易发生药害，必须多加注意，具体防治措施如下。

（1）药剂防治：在早春桃芽开始膨大但未展开时，喷波美5度石硫合剂一次，连续喷2～3年。落花后7～10天，及时选择性喷施75%百菌清、25%多菌灵600倍液、70%甲基托布津1000倍液，隔20天后再喷施1次，以上药剂可加有机硅3000倍液，防效好。

（2）喷药后，如有少数病叶出现，应及时摘除，集中烧毁，以减少第二年的菌源。

（3）发病重、落叶多的桃园，在每年8月20日左右要增施有机肥料，促使树势恢复。同时加强栽培管理，注意排灌。

（4）选用抗病品种。

29 北京市平谷区谭先生问：春季新接的桃树长势不旺还黄叶怎么回事?

北京市林业果树科学研究院 研究员 鲁韧强答：

从图片看，桃幼树黄叶是发生了典型的缺铁症。新栽的桃树进入雨季后土壤板结、透气性差，根系吸收养分困难。在高温高湿的条件下，新梢生长又相对较快，故出现新梢嫩叶表现缺铁症状，在盐碱地、施磷肥多等因素和条件下会有更严重的叶片缺铁表现。注意在雨后树下松土透气，并喷 EDTA 螯合铁矫正。

30 北京市通州区网友“前寨府”问：桃树叶发黄且有穿孔，是什么病，怎么防治？

北京市农林科学院植物保护环境保护研究所 高级农艺师 徐筠答：

从图片看，桃树可能存在两个问题。

1. 桃树叶发黄是缺铁症，矫治方法如下

（1）秋施有机肥（8 月 20 日左右），在秋季施基肥的同时，每株土壤直接施入硫酸亚铁 0.5 千克，掺入畜粪 20 千克。果树缺铁不完全是因为土壤中铁含量不足，土壤结构不良也限制了根系对铁的吸收利用，因此在矫治缺铁时首先要增施有机肥来改良土壤，以提高土壤中铁的可利用性。

（2）叶面喷施 0.3% 硫酸亚铁水溶液或螯合铁（柠檬酸铁）水溶液，每半个月喷施一次，共喷施 3 ~ 4 次，效果较好。

2. 桃树叶穿孔是细菌性穿孔病，防治措施

（1）加强桃树的综合管理，重视增施有机肥（8 月下旬是施有机肥最佳时期），增强树势，对黏重土壤尤其要多施马粪或其他有机肥或 GM 生物菌肥，配施硫酸钾复合肥，以利改善土壤。

（2）合理修剪，及时剪除病枝，虫枝，集中烧毁深埋，彻底消灭初侵染的病菌来源。

（3）控制浇水次数和浇水量，小水勤浇。

（4）喷药防治：可选喷洒的药剂为 75% 农用硫酸链霉素 2500 倍液，硫酸链霉素 3500 倍液，新植霉素 3500 倍液。以上药剂加农用有机硅 3000 倍液防效好。一般每 15 天喷 1 次，共喷 3 次。

31 山东省济宁市王先生问：桃子皮上有很多黄点，是什么病，怎么防治？

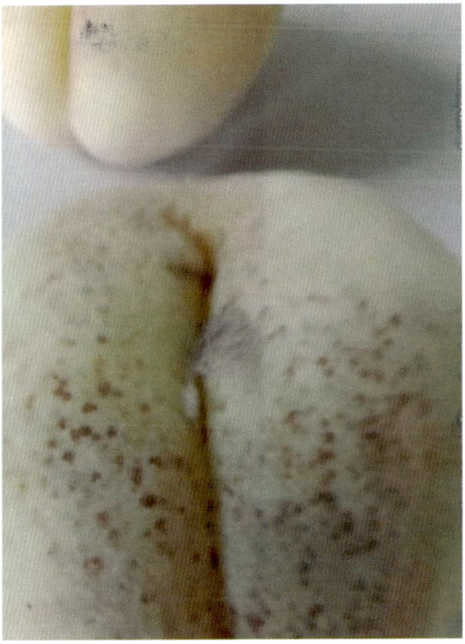

北京市农林科学院植物保护环境保护研究所 高级农艺师 徐筠答：

从图片看，可能是发生了桃疮痂病。病菌是用菌丝在病枝梢上越冬，次年春天5月产生传播体（孢子），经气流传至果实、枝叶并直接侵入。病菌侵入后，须经20～70天的潜伏期才表现症状。桃果实症状多在7月、8月出现，多雨年份发生重。

防治措施如下。

（1）农业防治：避免在低洼积水地段建园，栽植不要过密。适度修剪，防止果园郁密。冬季修剪时仔细剪除病枝。

（2）套袋：落花后 3 ~ 4 周套袋，套袋前喷两次药剂。

（3）药剂防治：在 5 月下旬、6 月下旬各喷一次药剂，可选药剂有 40% 福星乳油 8000 倍液、10% 世高 5000 倍液、62.5% 仙生 600 倍液。

（4）从落花后幼果期首次喷药，每隔 15 天喷 1 次，持续到采果前 15 天，可选药剂有 75% 达克宁 800 倍液、80% 大生 M–45 600 倍液、70% 甲基托布津 1000 倍、50% 多菌灵 500 倍液。

32 北京市网友“草莓的味道”问：中华寿桃打开后核是烂的，是怎么回事？

北京市农林科学院植物保护环境保护研究所 高级农艺师 徐筠答：

从图片看，是桃小食心虫为害所致，防治措施如下。

（1）土壤防治，于5月下旬至6月上旬，第一场大雨开始观测是否有幼虫连续出土爬行，抓紧树下撒药，杀死出土的越冬幼虫。可用5%辛硫磷乳油100倍液，要求湿润地表土1.0～1.5厘米，喷洒后用齿耙子浅搂3.0～5.0厘米；也可采用地膜覆盖地表，闷死出土幼虫。

（2）用桃小食心虫性引诱剂预测、预报各代成虫高峰期，进行树上喷药防治。选用25%灭幼脲三号2000～3000倍加有机硅3000倍液，BT乳剂500倍液均匀喷雾。

33 北京市朝阳区梁先生问：桃树种在泡沫箱用草炭土种植，前些天长势比较旺，然后有些发黄变蔫，怎么回事？

北京市林业果树科学研究院 研究员 鲁韧强答：

从图片看，是由种植管理不当造成的。泡沫箱加盖塑料布，会使箱内草炭土温度升高较快，所以前期长势旺。后面随着气温的升高，土温持续升高，当高过 23 ℃时就会抑制根系生长，且加速吸收根栓化，减弱根系对水分的吸收能力，因此会导致长势变弱。而气温高又加大叶片的蒸腾，根系吸水满足不了叶片蒸腾的水分需求，故桃苗叶片呈萎蔫状。

34 北京市刘先生问：桃树和苹果树能在一起种植吗？

北京市林业果树科学研究院 研究员 鲁韧强答：

桃和苹果种植在一起生长和管理的矛盾很大，过去已有这方面教训。除病虫有些交叉外，桃树生长快且成花易，而苹果树生长慢且成花难，两种树间种植在一起时，桃树生长竞争能力强，使苹果树受荫蔽，长树慢且更不易成花结果。如果需要在一块地上种两种树，分开种生长矛盾小些且更方便管理。

35 山东省济宁市王先生问：桃树叶子有红褐色斑是什么病，怎么防治？

北京市农林科学院植物保护环境保护研究所 高级农艺师 徐筠答：

从图片看，可能是缺铁症。铁在果树体中的流动性很小，叶子中的铁不能向新生组织中转移，不能被再次利用。因此缺铁时，下部叶片常能保持绿色，而嫩叶上呈现失绿症状。随病势发展，黄化程度逐渐加重，甚至全叶呈黄白色，叶缘枯焦，呈枯梢现象。

矫治方法：

（1）秋施有机肥（8 月 20 日左右），同时，每株土壤直接施入硫酸亚铁 0.5 千克，掺入已发酵好的畜粪 20 千克。果树缺铁不完全是因为土壤中铁含量不足，土壤结构不良也限制了根系对铁的吸收利用，因此在矫治缺铁时首先要增施有机肥来改良土壤，以提高土壤中铁的可利用性。

（2）叶面喷施 0.3% 硫酸亚铁水溶液或螯合铁（柠檬酸铁）水溶液，每半个月喷施一次，共喷施 3 ~ 4 次，效果较好。

（3）树干注射 0.3% ~ 0.5% 的硫酸亚铁溶液，或者在树干上钻孔，每棵树塞入 1 ~ 2 克亚铁盐。

（4）在每棵树下挖 8 ~ 10 个小穴，用 2% 的硫酸亚铁溶液集中穴施，每棵施用 60 ~ 75 千克。

（5）可将 0.5% ~ 0.6% 的柠檬酸铁溶液装入几十毫升大小的小瓶，挖土露根，把根浸入小瓶溶液后重新埋入土中，每棵树埋放 4 个小瓶，效果甚佳。

36 山东省济宁市王先生问：晚熟桃“映霜红”摘袋前后需要喷什么药？

北京市农林科学院植物保护环境保护研究所 高级农艺师 徐筠答：

（1）防治桃褐腐病。桃果实从采收前30天首次喷药，15天后再喷一次。可选药剂：24%应得2500倍液；30%特富灵2000倍液；75%达克宁600倍液；80%大生M-45 600倍液；50%朴海因可湿性粉剂1000倍液；50 %农利灵1000倍液；40%施佳乐1200倍液。

（2）防治梨小食心虫。果实病菌大都是从食心虫蛀果孔侵入的，把梨小食心虫控制好，就可以解决褐腐病问题。用梨小食心虫昆虫性外激素诱芯测报，在成虫发生高峰期，喷布25%灭幼脲三号2500倍液。

（3）防治桃蛀果蛾（桃小食心虫）。①土壤防治，于5月下旬至6月上旬，在第一场大雨后开始观测是否有幼虫连续出土爬行，抓紧树下撒药，杀死出土的越冬幼虫。可用5%辛硫磷乳油100倍液，要求湿润地表土1.0 ~ 1.5厘米，喷洒后用齿耙子浅搂3.0 ~ 5.0厘米；也可采用地膜覆盖地表。闷死出土幼虫。②用桃小食心虫昆虫性外激素诱芯测报成虫高峰，进行树上喷药防治，选用25%灭幼脲三号2000 ~ 3000倍，BT乳剂500倍液均匀喷雾。

（4）梨小食心虫、桃蛀果蛾越冬前的最后一代成虫可以发生至9月，一定要认真防治，以上药剂都可加有机硅3000倍液，效果好。

（5）最好是摘袋前3天左右用药，可达到防治病虫害又能很好地避免农药污染果面（摘袋后3～5天再用药，很容易对表皮产生伤害）。如果摘袋后遭遇降雨，就在雨后第一时间单独补喷一次杀菌剂。

37 河北省张先生问：有提高桃含糖量的办法吗?

北京市林业果树科学研究院 研究员 鲁韧强答：

提高果实含糖量，根本是平衡施肥，提高叶片光合效率，产生更多的光合产物。在此基础上保持中庸树势，使光合产物合理分配到果实。如果偏施氮肥使树势偏旺，就会造成新梢与果实竞争营养，同时铵的吸收需要消耗糖分，使果子不甜。再有就是要在硬核期和采摘前进行干旱胁迫，促进糖分积累和迫使果树开启次生代谢途经，产生次生代谢物质，使果实不但甜还能产生本品种的特有风味。另外，叶面喷施有益菌剂防治病虫的同时，也可对树体起到胁迫的作用，增加果实的甜度和风味。多施氮肥和成熟期灌水的相关措施，都会直接影响果实的含糖量。

38 北京市房山区郝先生问：杏即将成熟为什么总是出现裂果？

北京市林业果树科学研究院 研究员 鲁韧强答：

从图片看，香白杏发生裂果较多，这是由香白杏皮薄毛少，果皮韧性较差，在将要成熟时，含糖量高，遇雨吸水膨胀，造成的裂果。

防治方法：

（1）起垄覆膜栽培，可减少雨水下渗，即可减少果实吸水，减轻裂果；

（2）果实膨大期喷两次氯化钙或氨基酸钙，提高果皮韧性，减少裂果。

39 北京市密云区赵女士问：如图所示，杏树上是什么虫子，怎么防治？

北京市农林科学院植物保护环境保护研究所 高级农艺师 徐筠答：

从图片看，是尺蠖幼虫。尺蠖在虫卵孵化盛期和低龄幼虫期进行树上喷药防治，选用25%灭幼脲三号1000 ~ 1500倍液加有机硅3000倍液。

（四）樱桃

40 北京市通州区张先生问：樱桃树叶片上有病斑是什么病害，怎样防治?

北京市农林科学院植物保护环境保护研究所 高级农艺师 徐筠答：

从图片看，像是樱桃树黑斑病，防治措施如下。

（1）樱桃发芽前全园喷 1 次波美 3 ～ 5 度石硫合剂。

（2）花前、花后喷菌剂 3 ～ 5 次，间隔 15 天，选择药剂：1.5% 多抗霉素 300 ～ 500 倍液（首选）、75%多菌灵 800 倍液、50% 扑海因 1500 倍液。

以上选择的药剂加有机硅 3000 倍液具有较好防治效果。早期药物防治是关键。

41 辽宁省瓦房店市李先生问：“沙密托”樱桃个小，已变成粉色，味道淡、果肉比较松，是怎么回事？

北京市林业果树科学研究院 研究员 鲁韧强答：

从照片上的果实看，生长发育正常。果实个小应是品种问题，味道淡是成熟度问题。红色樱桃品种在果实粉红色时，果内糖分较少，可延时采摘。待变成深红色时糖度上升，到紫红色时含糖高、风味浓，是最佳采摘时间。

42 北京市房山区网友"调到静音"问：如图所示，樱桃叶片上是不是出现了红蜘蛛？

北京市农林科学院植物保护环境保护研究所 高级农艺师 徐筠答：

从图片看，是梨网蝽为害导致的，防治措施如下。

（1）9月在木本植物树干绑草诱集越冬成虫，冬季彻底清除绑草、杂草、落叶，集中烧毁或深埋。

（2）药剂防治关键时期：①越冬代成虫出蛰后及一代若虫发生期（落花后）；②在6月大面积发生以前集中进行药剂防治，以防止7—8月发生为害。

（3）可选杀虫剂：2.5%敌杀死（溴氰菊酯）乳油或2.5%功夫乳油或20%灭扫利乳油3000倍液等加有机硅助剂3000倍液。连喷两次，效果很好。

（4）对茎干较粗并较粗糙的植株，涂白处理。

43 北京市房山区网友“开心快乐”问：如图所示，樱桃树是怎么回事？

北京市林业果树科学研究院 研究员 鲁韧强答：

樱桃幼树主干上短枝叶片间隔干枯现象，可能与土壤局部追施氮素化肥过多，使根部吸收上运，导致某维管束氨中毒有关。因樱桃叶序随维管束呈螺旋上升排列，致使在受毒害的维管束上生长的叶片干枯，形成主干一侧叶片间隔干枯的现象。

44 北京市通州区网友"通州润瑞丰－张"问：冬春季怎样做好樱桃树防冻？

北京市农林科学院植物保护环境保护研究所 高级农艺师 徐筠答：

（1）从幼树期开始，坚持每年树干涂白，防止冻伤和日灼。

涂白剂的制作方法及使用方法：生石灰 10 份、石硫合剂 2 份、食盐 1 份、油脂（动植物油均可）少许、黏土 2 份、水 40 份，搅拌均匀后进行树干涂白。涂白部位主要是树干基部（高度在 0.6 ～ 0.8 米为宜）和果树主枝中下部，有条件的可适当涂高一些，效果更佳。涂白每年进行两次。分别在落叶后和早春进行。早春涂白时间的确定条件是在涂后晾干前不结冰的前提下，越早越好，新栽植的树木应在栽后立即涂白。

（2）落叶后浇透水。浇水后可以在树两侧铺黑地膜，能起到一定的防冻效果。

（3）小树苗可直接绑草帘。

（4）在初春，若花期温度处于零下时，可在低温来临前 1 ～ 3 天或受冻害后 24 小时内，喷天达 2116 细胞膜稳定剂 600 倍液加有机硅 3000 倍液效果较好。

另外，一定注意寒流来时，田间夜里温度比预报温度低 4 ℃左右，尤其是 –1 ℃时间较长时对花雌蕊伤害很大。

45 北京市密云区网友“后天℃”问：樱桃树上有一层菌是怎么回事?

北京市林业果树科学研究院 研究员 鲁韧强答：

从图片看，樱桃树干上的一层菌是木腐菌，是由果园荫蔽，通风透光差，树势弱引起的。需要立即将菌层刮除，然后涂波美 5 度石硫合剂消毒保护树干。

46 山西省网友"石子山西运城"问：樱桃打过授粉药，结果了花瓣还绿着正常吗？

北京市林业果树科学研究院 研究员 鲁韧强答：

樱桃花授粉受精后，胚乳发育，子房膨大，形成幼果。随着幼果的生长，萼片脱落；喷坐果剂的幼果萼片没脱落，是由于坐果剂中含高浓度的细胞分裂素及生长激素，使萼片受刺激变成不脱落的器官。

47 北京市通州区马先生问：樱桃树天牛怎么防治？

北京市农林科学院植物保护环境保护研究所 高级农艺师 徐筠答：

樱桃天牛的防治措施。

（1）人工捕捉成虫。6—7 月期间，可利用从中午到下午 3 点前成虫有静息枝条的习性，组织人员在果园进行捕捉，可以取得较好的防治效果。捕捉方法：用绑有铁钩的长竹竿钩住树枝，用力摇动，害虫便纷纷落地，逐一捕捉。

（2）涂白主要枝干。4—5 月期间，即在成虫羽化之前，可在树干和主枝上涂刷“涂白剂”。把树皮裂缝、空隙涂实，防止成虫产卵。

（3）提前杀死幼虫。9 月前孵化出的天牛幼虫即在树皮下蛀食，这时可在主干与主枝上寻找细小的红褐色虫粪，一旦发现虫粪，即用锋利的小刀划开树皮将幼虫杀死。也可在翌年春季检查枝干，一旦发现枝干有红褐色锯末状虫粪，就用锋利的小刀将在木质部中的幼虫挖出杀死。

（4）药物防治方法。6—7 月是成虫发生盛期和幼虫刚刚孵化期，在树体上喷洒 10% 吡虫啉 2000 倍液，7 ~ 10 天 1 次，连喷几次。大龄幼虫蛀入木质部，可采取虫孔施药的方法除治。清理一下树干上的排粪孔，向蛀孔填敌敌畏棉条，或者用一次性医用注射器，向蛀孔灌注 50% 敌敌畏 800 倍液或 10% 吡虫啉 2000 倍液，然后用泥封严虫孔口，再用黑地膜将树干缠严。

48 北京市门头沟区许先生问：樱桃树龄 8 年但结果很少，怎么办?

北京市农林科学院植物保护环境保护研究所 高级农艺师 徐筠答：

樱桃树使用多效唑，能有效地控制树冠旺长，促进花芽形成，达到早果、优质、高产，需要每年都用，使用方法有两种。

（1）土施：发芽前，每投影面积 1 克，加水沟施，生长旺盛的树每投影面积 1.5 克，以土施效果最好。

（2）叶面喷施：北京地区 7 月 20 日后，树上喷多效唑 200 倍 1 ~ 2 次，做到四面打透，叶片滴水为宜，中间间隔 10 天，第一次喷后观察 10 天，如枝梢部位叶片发皱停止生长可不再喷。

（3）PBO 使用方法：PBO 是多效唑的升级版。PBO 功能更全面，不但能够抑制桃树、樱桃树新梢生长，还能促进花芽分化。一般主张每年在 5 月中旬至 6 月上旬，叶面喷施，使用两次，250 倍，间隔 10 多天。

49 北京市大兴区网友“平安是福”问：樱桃树叶片发黄，根系扎的不好，怎么回事?

北京市林业果树科学研究院 研究员 鲁韧强答：

从樱桃黄叶判断，是缺铁、锰综合征。主要表现缺铁，也有缺锰的迹象。解决方法：

（1）树下松土透气，增强根系对元素的吸收；

（2）喷 EDTA 铁或柠檬酸铁等螯合铁，再加少量硫酸锰，水溶液总浓度为 0.3%。

50 北京市海淀区贾先生问：樱桃花很多，坐果少，是哪些原因造成的？

北京市林业果树科学研究院 研究员 鲁韧强答：

樱桃坐果后出现缩果现象，主要是营养不足导致的。樱桃成年树开花坐果很多，需要大量的储藏营养。如果树势太弱，去年的树体储藏营养少，不能负担太多的果实，一些竞争力差的弱果就会得不到充足的营养，使种胚发育中止而缩果。这种弱树要注意花期及幼果期的叶面补肥。如果树势很强，新梢多、生长量大，就会和幼果竞争营养，导致大量缩果。因此，强旺树在谢花后，要注意对长梢及时摘心，控制新梢，避免与幼果竞争营养，减少缩果。总之，要维持樱桃树体生长中庸，才能保障坐果和丰产。

51 北京市海淀区樱桃种植户问：樱桃树结果后突然枯死，是什么原因?

北京市林业果树科学研究院 研究员 鲁韧强答：

樱桃结果树在生长期突然死亡，应该是砧木的问题。利用山东大青叶砧木嫁接的樱桃，近 20 多年来在多地发生成年结果树在近成熟期死树现象。死亡单株与外界环境也找不出规律性，通过根系观察也看不出根系和根茎部位有腐烂现象，其死亡原因至今不明。其他砧木品种还未发现这种现象。

52 北京市怀柔区严先生问：樱桃树干上有孔洞，是怎么回事？

北京市农林科学院植物保护环境保护研究所 高级农艺师 徐筠答：

从图片看，樱桃树干孔洞是桃小蠹为害所致。

防治措施如下。

（1）加强果园管理，增强树势，减轻桃小蠹为害。

结合修剪彻底剪除有虫枝和衰弱枝，及时烧毁。在田间设置半枯果树枝干招引成虫产卵，然后及时烧毁。

（2）4月上旬果园悬挂糖醋液诱杀。

（3）成虫发生期药剂防治。

①果树生长前期在主干、大枝上涂 90% 敌百虫 800 倍液后包膜，10 天后解开。

②全树施药，尤其是主干、大枝都要喷到，间隔 10 ～ 15 天，连喷 2 ～ 3 次。防治的关键是越冬代成虫羽化期。可选用 1.8% 阿维菌素乳油 4000 ～ 5000 倍液、2.5% 溴氰菊酯 2500 倍液、4.5% 高效氯氰菊酯 2000 倍液、25% 灭幼脲三号 1500 倍液，以上药剂可加农用有机硅渗透剂 3000 倍液，效果好。

53 山东省网友"金秋"问：大樱桃开花坐果时出现两三个头，是为什么？有什么办法解决？

北京市林业果树科学研究院 研究员 鲁韧强答：

樱桃出现双头果，是因为开花时的花朵是双柱头的畸形花。有研究认为在樱桃雌蕊分化时遭遇阶段性高温，会使某些对温度敏感的品种出现双雌蕊现象。若花期能双授精就会出现双头果；若只有一个雌蕊受精就会出现一个大果附生一个小僵果，影响果实商品外观。

（五）葡萄

54 北京市房山区网友"开心快乐"问：葡萄叶有花叶，是什么病，怎么防治？

北京市农林科学院植物保护环境保护研究所 高级农艺师 徐筠答：

从图片看，应当是发生了葡萄病毒病。防治措施：

（1）尽量栽培无病毒苗木，苗木采用热处理与茎尖脱毒相结合；

（2）严禁从病株上切取枝条作为繁殖材料；

（3）建园初，用杀线虫剂处理土壤，或者将药剂施于葡萄苗根际中；

（4）可采用抗病砧木嫁接繁殖；

（5）增施有机肥，增强植株抗病力；

（6）土施“木美土里”生物菌肥，叶面喷氨基寡糖素，防治苹果叶片花叶病、果实花脸病有效果，在葡萄上可以试试。

针对用户情况，建议如果少量发生，拔除烧毁为好。

55 北京市房山区吴女士问：葡萄霜霉病怎么防治？

北京市农林科学院植物保护环境保护研究所 高级农艺师 徐筠答：

从图片看，是葡萄霜霉病。此病由寄生菌引起，病菌是真菌中的卵菌。病菌靠卵孢子（有性孢子）在植物残体和土壤中越冬。每年都有发病中心，即初期只在葡萄园中个别植株的少数叶片上产生病斑，北京地区多在6月15日前后出现。其他地区应注意观察。发病中心出现后，病菌侵染加剧，在3～4周内使全园叶片染病。防治葡萄霜霉病要在发病中心出现时，使用针对性强的、铲除作用好的农药品种。包括53%金雷多米尔·锰锌500倍液、58%雷多米尔·锰锌400倍液、50%烯酰马林1200倍液、64%杀毒矾500倍液、72%克露600～750倍液、69%安克锰锌800倍液。

上述农药每年使用两次，还应注意轮换使用。北京地区一般在6月15日前后和7月15日前后各喷布一次。除关键时期喷布外，其他时期防治病害所用的铜制剂，波尔多液、达克宁等农药，对霜霉病都有一定的预防作用。

56 山西省网友"懂云"问：如图所示，葡萄是什么病，怎么防治？

北京市农林科学院植物保护环境保护研究所 高级农艺师 徐筠答：

从图片看，是发生了葡萄白腐病。葡萄白腐病叶片发病多发生在叶缘部。致病真菌腐生性很强，能在土壤中存活 3 年。病菌主要来自土壤，借风雨传播，从微小的伤口侵入。7—8 月，病菌从侵入到长出新的病菌只有 4 天，病程短，再侵染次数多。

1. 防治关键对策

防止病菌从宿存地点传到葡萄果穗上，改善病菌侵染所需要的环境条件，增强树势，提高抗病能力，配合使用农药。

2. 防治措施

（1）春天葡萄出土上架时，结果枝在架面上的分布要合理。对近地面的果穗进行吊绑，高于地面 40 厘米。

（2）葡萄落花后，架下铺地膜，铺膜面积占种植面积 60%，或者果穗套袋，使病菌不能借风雨传播。

（3）埋土防寒前，将病枝蔓剪除。

（4）葡萄开始上色前（北京地区 7 月初开始），要专人每天将出现的少量病果穗剪除干净，携出园外处理。

（5）认真防治霜霉病，保护叶片，增强树势。

（6）严格控制杂草生长，及时排水，做好夏剪工作，使架面通风透光，减少病菌侵染条件。

（7）可选农药：1 ∶ 0.5 ∶ 200 倍波尔多液、78% 科博 500 倍液、12% 绿乳铜 800 倍液等铜制剂、75% 达科宁 600 倍液、80% 大生 600 倍液。以上药剂均可加有机硅助剂 3000 倍液。

（8）喷药注意事项：要重点细致喷布果穗，使药液在果穗表面形成药膜，将微小伤口封闭。从花前 7 ~ 10 天开始，每 15 天喷 1 次药，延续到采果前 15 天（花期不喷，6 月 15 日和 7 月 15 日喷防治霜霉病的农药），注意农药交替使用。

57 北京市网友问：葡萄树怎么剪枝能提高坐果率？

北京市林业果树科学研究院 研究员 鲁韧强答：

有效提高葡萄坐果率的方法：

（1）在开花前整修果穗或掐穗尖；

（2）花前对花序以上留 4 ~ 5 片叶进行摘心；

（3）落花后及时抹除果穗以下副梢，并对果穗以上副梢留 2 叶片反复摘心，对延长梢留 5 叶片摘心。

58 北京市海淀区网友“甲子”问：葡萄上有些黑色带星点的虫子，是什么虫，怎么防治?

北京市农林科学院植物保护环境保护研究所 推广研究员 石宝才答：

从图片看，这种虫子是斑衣蜡蝉的若虫，主要吸食植株汁液，可喷菊酯类药进行防治。

59 北京市网友“小贾”问：葡萄新芽发黄是怎么回事？

北京市林业果树科学研究院 研究员 鲁韧强答：

从照片看，葡萄刚发出的新梢下部叶浅绿，梢叶发黄，是浇水大，土壤板结不透气引发的缺铁症。需要松土透气，不旱不浇，保持土壤持水量在60%，既可使葡萄根系吸收足够的水分，又可使土壤有充足的氧气，有利于根系对养分的吸收。土壤稍旱一点，新梢生长慢点，叶片会变成深绿色。

60 网友刘女士问：广东地区的葡萄一年想二次挂果，采用什么方法合适?

北京市林业果树科学研究院 研究员 鲁韧强答：

广东地区葡萄一年产二茬果，可采用大棚避雨栽培，一是可提前和延后增温，二是避雨可提高葡萄品质。在大棚葡萄第一茬果实成熟采摘后，立即开沟施入腐熟有机肥和部分化肥，施后覆土灌水，促进根系吸收和提高叶片光合功能，增加营养储备。采收一个月后，去叶留壮蔓并修剪长梢，每蔓留 5 ~ 6 个饱满芽。修剪完毕后，每蔓剪口下 2 ~ 3 芽涂石灰氮促冬芽萌发，进入第二茬果的生产，管理与第一茬果生产相同。当第二茬果采收后，冬季修剪时对长梢修剪的母蔓，留基部未萌发的 2 ~ 3 芽进行短梢修剪，进入正常的管理程序。这种二茬果的修剪和管理方法，与利用新梢摘心促萌发的二世同堂结果相比，果实成熟一致性强且产量高，易管理。

61 北京市网友“* 娟子 *”问：葡萄春天出土后，要给土消毒，打什么药？

北京市林业果树科学研究院 研究员 鲁韧强答：

葡萄出土后，可对枝蔓和土壤喷波美5度的石灰硫黄合剂，或者喷20倍晶体石硫合剂，消灭病虫害。

62 北京市某同志问：黑巴拉多葡萄开花前如何正确拉长花穗？

北京市林业果树科学研究院 研究员 鲁韧强答：

葡萄果穗拉长，主要针对果粒过于紧密或果穗超大的品种，解决果粒过紧影响外观和内在品质问题。一般在花序分离期，用5 mg/kg赤霉酸喷施或浸蘸花穗，达到拉长花穗的效果。但黑巴拉多的果穗中等，果粒疏松，不建议采用拉长花穗的措施。

（六）其他果品

63 四川省凉山州某先生问：草莓细菌性叶斑病用什么药效果好？

北京市林业果树科学研究院 副研究员 董静答：

从图片看，是发生了草莓叶斑病。可以选用中生菌素、春雷霉素、噻唑锌、噻霉酮、铜制剂等药剂进行防治，注意铜制剂不能反复使用，一般喷两次即可，中间要间隔 15 天以上。

64 北京市房山区姜先生问：海棠树上有很多黄色的蚜虫，果子掉了不少，怎么治？

北京市农林科学院植物保护环境保护研究所 高级农艺师 徐筠答：

从图片看，是发生了海棠蚜虫，防治方法有以下几点。

蚜虫防治使用杀蚜虫剂加有机硅（渗透剂）效果很好，可以试试以下几种杀蚜虫剂，在蚜虫发生初期开始喷药，10 ~ 15 天 1 次，连喷 2 次。

（1）0.3% 苦参碱水剂 200 ~ 250 倍液加有机硅 3000 倍液（生物农药）。

（2）1.5% 苦参碱水剂 2500 ~ 3000 倍液加有机硅 3000 倍

液（生物农药）。

（3）50% 氟啶虫胺腈 10 000 倍加有机硅 3000 倍液（快速、残效长）。

（4）10% 吡虫啉 3000 倍液加有机硅 3000 倍液（有内吸作用）。

（5）50% 辟蚜雾（别名抗蚜威）2000 ~ 3000 倍液加有机硅 3000 倍液（高温效果好）。

65 广东省果农问：橘子树叶发黄，喷两次硫酸亚铁后叶子上出现黑色斑块，是什么问题，如何解决？

北京市林业果树科学研究院 研究员 鲁韧强答：

从图片看，橘子树叶片上有一块块黑斑，是由喷硫酸亚铁造成的药害。这是上卷的老叶片滞留药液过多导致的烧叶现象。有个别新叶似乎存在脉间失绿现象，更像缺锰症。可以喷硫酸锰溶液看一下效果。此外，在橘子叶面喷铁、锰时的浓度都要低于0.3%，否则易发生药害。

66 北京市大兴区李先生问：新种植的海棠不缺水，出现叶子焦枯、干叶，怎么回事？

北京市林业果树科学研究院 研究员 鲁韧强答：

从图片看，是移栽时伤了根，水分吸收不够导致的。海棠树是在展叶后移栽的，尽管是带土坨移栽，但根系损伤严重，新根又未能及时发生，在气温高蒸发量大的情况下，就会出现水分供需不平衡，使移栽树出现叶子干枯甚至抽条的现象。

67 河北省沧州市梁先生问：猕猴桃叶子不舒展，有焦边的情况，是怎么回事？

北京市林业果树科学研究院 研究员 鲁韧强答：

从图片看，猕猴桃新叶不舒展上卷焦边，甚至叶肉坏死，是缺钙的表现。可土施磷酸钙加叶面喷施0.3%氯化钙进行矫正。

68 北京市通州区某同志问：核桃皮黑，是什么病，怎么防治？

北京市农林科学院植物保护环境保护研究所 高级农艺师 徐筠答：

核桃皮黑可能是核桃举枝蛾为害所致。

核桃举肢蛾俗称核桃黑，是核桃生产中最常见的主要害虫之一。以幼虫为害果实，在果皮内纵横串食，虫道内充满虫粪，被害处果肉被串食成空洞，果皮变黑，逐渐下陷，干缩，全果被蛀食空则变成黑核桃，脱落或干缩在树枝上。在北京每年发生 1 ~ 2 代，海拔在 500 米以上地区 1 年发生 1 代。以老熟幼虫在树冠下的土内或在杂草、石缝中或树皮缝中结茧越冬。6—7 月化蛹，蛹期约 7 天。6 月下旬至 8 月上旬大量成虫出现。成虫在下午羽化，在傍晚飞翔、交尾、产卵，一般将卵散产在两果相接的缝内或萼洼，卵期 5 ~ 8 天。当果径 2 厘米左右时，幼虫咬破果皮钻入青皮层内为害，不转果为害。幼虫在果内为害期为 30 ~ 45 天。幼虫 7—8 月为害，8—9 月老熟，幼虫老熟后脱果入土化蛹。

2 代区防治措施如下。

（1）刨树盘：深刨树盘 10 厘米左右，以恶化越冬幼虫的生态环境。

（2）地面药剂处理，毒杀即将羽化的成虫。5 月中旬开始，大树每株用 25% 辛硫磷 50 克，兑水 5 千克喷洒树盘内外并混土。

（3）树上防治：5 月下旬田间越冬代蛾出现后（当果径 2 厘米左右时），及时喷药，6 月中旬喷第二次药。可用 25% 灭幼脲三号 1500 倍液进行防治。

（4）7 月上中旬为落果盛期，及时收集烧毁落果，可杀死果内幼虫，降低黑果率。

69 北京市房山区毛先生问：如图所示，核桃树是怎么回事？

北京市林业果树科学研究院 研究员 鲁韧强答：

从图片看，核桃树冠下部老叶脉间失绿并逐渐干枯，是发生了缺镁症。缺素的叶片在高温季节会加速衰败。雨季来临，核桃病害将频发，可结合防治核桃炭疽病等，在喷药时加入0.3%硫酸镁对缺素叶片进行矫治。干枯面积大的叶片矫正困难，但可防止上部叶片再缺素。

70 房山区张先生问：如图所示，核桃树是怎么回事，打什么药？

北京市农林科学院植物保护环境保护研究所 高级农艺师 徐筠答：

从图片看，核桃树可能有两种情况，需要进行进一步查看：

（1）请削一块病皮闻闻有无酒糟味，有酒糟味，可能是腐烂病。

（2）若无酒糟味，这说明是伤流。核桃树处于伤流期，在这时期如果树干或大枝有伤口，就会有树液流出，再过些天新梢展开，植株生长加快，就不流水了，因此这种情况不用打药。

71 北京市密云区吴女士问：10 年树龄薄皮核桃树有 1/3 不结果，怎么回事？

北京市林业果树科学研究院 研究员 鲁韧强答：

核桃的嫁接品种苗一般 2 年即可成花，3 年即可结果。如果十年都不结果，可能不是嫁接的薄壳品种，而是掺进品种苗中的实生核桃苗。所谓实生苗就是通过播种长成的苗，需要通过童期阶段后，才能进入结果期，一般要 7 ~ 10 年才能结果。但即使结果，也是优劣都有，因为核桃果本身已是自然授粉的杂种，所以种子长出的苗结的果实，就会性状不一致、大小不整齐。

72 北京市延庆区刘先生问：核桃树和苹果树能一起种植吗?

北京市林业果树科学研究院 研究员 鲁韧强答：

核桃和苹果树混栽不好。一是两种果树病虫害有所不同，混栽会给喷药防治病虫带来不便；二是核桃树能分泌很多名为“核桃醌”的化学物质，会抑制苹果树和间作作物的生长。因此，还是分开栽植较好。

核桃树是喜温暖的树种，不适宜在冬季在 -25 ℃以下的地域种植。当冬季温度下降到 -20 ℃以下时，会出现冻害。因此，延庆不适宜种核桃，历史上也很少有核桃种植，很可能就是先人种植试验后的结果。

73 北京市房山区网友"调到静音"问：新栽的石榴树从6月就开始开花，陆陆续续开到8月了，怎么回事？

北京市林业果树科学研究院 研究员 鲁韧强答：

石榴树不像苹果、梨、桃树一年就开一次花，它有生长季多次开花的习性，而品种间成花难易和开花次数有很大差异。用户种的这棵石榴可能是易成花、结果小的品种，因此才会有花期长的现象发生。

74 北京市顺义区石先生问：无花果的叶尖卷曲和叶子发黄是怎么回事？

北京市林业果树科学研究院 研究员 鲁韧强答：

从图片看，无花果新梢长势较弱，基部叶变黄，是缺氮的表现。应追施氮肥和增加浇水次数，促进无花果新梢生长。

75 北京市昌平区叶女士问：石榴果实全黑了，是什么病，怎么防治？

北京市林业果树科学研究院 研究员 鲁韧强答：

从图片看，像是发生了石榴蒂腐病。该病在病部或随病叶遗存在土壤中越冬，翌年在条件适宜时，分生孢子器中产生大量分生孢子，并从器孔口逸出，借风雨传播，进行多次侵染。进入雨季后，易大发生。发病初期可使用的药剂有27%铜高尚悬浮剂、12%绿乳铜乳油600倍液、10%世高水分散粒剂3000倍液、75%达科宁600倍液，每10天喷1次，连喷2～3次。

76 北京市海淀区李先生问：果蛆怎么防治?

北京市农林科学院植物保护环境保护研究所 高级农艺师 徐筠答：

果树里面的蛆是桔小实蝇，俗称果蛆，是重要的检疫性害虫。在我国，主要分布于广东、广西、福建等地，目前逐步向北方扩大危害。其主要危害柑橘、甜橙、柿、桃、苹果、梨、李、杏、枣、西瓜、辣椒、番茄、茄子等200多种果树蔬菜。该虫主要以幼虫在果实内取食，使果实腐烂，形成“蛆果”，导致大量落果。成虫的卵产于果皮内，每孔产卵5～10粒。雌虫分多次产卵，每头可产200～400枚卵。老熟3龄幼虫随脱果钻入土中3厘米左右深处化蛹。

防治措施如下。

（1）进行严格的检疫或进行无害化处理方可引种。

（2）塑料袋封闭处理落果。利用老熟幼虫随脱果钻入土中的习性，及时摘除虫果和捡拾落于地面的果实，用塑料袋封闭，处理后1～2天死亡率接近100%。待虫落果全部腐熟后又可作沤肥使用。落果初期每周清除1次地上落果和树上虫果，落果盛期至末期每日1次，进行塑料袋封闭处理。

（3）发生虫害的果园，于冬、春季每亩撒施生石灰70～80千克，再全园深翻，可消灭大量虫源。

（4）可用实蝇诱捕器诱杀雄虫。每公顷果园安装45～75个诱捕器，可有效地诱杀成虫，是一种简便、安全、无公害防治蛀果虫的方法。诱捕器自制方法：用小刀在距矿泉水瓶口下增粗处开约 13 厘米 ×2 厘米的口，拧好瓶盖后从开口处将引诱剂粘好，或者取 1 克甲基丁香酚原液，均匀喷涂于诱捕器内壁，自然晾干后往瓶内装水 200 毫升，挂在距地面 1.5 米的树枝上。10 天左右加一次诱剂和水，循环使用诱捕器，可显著提升引诱剂对实蝇的诱集效果。粘虫黄板加 1 克甲基丁香酚诱杀效果也很好。

（5）自制营养毒饵诱杀雌雄成虫。据报道，阳桃、番茄和番荔枝果肉对果蝇更有诱集效果。方法：在专用诱瓶中按 500 ：1 的比例加入果汁、80% 敌敌畏或 50% 马拉硫磷制成毒果盘。半斤毒果为一盘，悬挂于离地面 1.5 米的树荫下，每亩 13 ~ 15 个，每 7 ~ 10 天更换一次。这样诱挂与毒饵相结合，快速降低果园虫口密度，防治效果会更佳。

（6）进行化学防治。在成虫发生高峰期内，用 90% 敌百虫 800 倍或 80% 敌敌畏 800 倍对树冠和果园周围的杂草进行喷雾杀灭成虫，根据该虫落地化蛹的特点，6—10 月可进行地面施药。在实蝇幼虫入土化蛹或成虫羽化的始盛期，在果园地面用 50% 辛硫磷乳油或 48% 毒死蜱乳油 1000 倍液喷洒，每 7 天 1 次，连续 2 ~ 3 次，杀灭入土化蛹的老熟幼虫和出土羽化的成虫。

（7）深翻土壤。冬、春季彻底清园，翻耕 1 次，或者在各代化蛹盛期进行土壤翻耕。

77 北京市平谷区张先生问：柿子树都冻死了，怎么办？

北京市林业果树科学研究院 研究员 鲁韧强答：

冬季冻死的树，应及早在未冻死的部位锯除。死到哪里就锯到哪里，促使其尽早发芽，重新培养树冠。树的地上部都死了，就锯到与地面齐平，看是否还能萌蘖，若不能萌蘖就只能刨树了。

78 北京市通州区吴女士问：石榴现在还没发芽，是冻死了吗?

北京市林业果树科学研究院 研究员 鲁韧强答：

从图片看，石榴树枝条是被冻死了。应尽早锯到干部存活部位，减少水分蒸发，还有发生新梢再培养的机会。

79 北京市大兴区潘先生问：五年石榴树阳面树干开裂，是怎么回事？

北京市林业果树科学研究院 研究员 鲁韧强答：

石榴树春季树皮开裂，是树干局部昼夜温差太大导致的。一般发生在树干的西南方向，也有在西北方向的。局部树干因午后太阳直射温度升高而热胀，待日落后又迅速降温而冷缩，皮层与木质不同步的冷缩，使皮部开裂，甚至深入木质部。有效的预防办法就是冬季前和春季前，进行树干涂白，反射阳光，减小树干昼夜温差，减少因日灼引起的树干皮层或木质部开裂现象。

80 四川省李先生问：柑橘能用波尔多液吗？什么时候用？用多少倍？

北京市农林科学院植物保护环境保护研究所 高级农艺师 徐筠答：

波尔多液是柑橘树的常用药，具有保护和治疗作用，对柑橘疮痂病、溃疡病、炭疽病、树脂病、流胶病等具有较高的防效，但其有效成分——碱式硫酸铜能促进柑橘锈壁虱生长发育，诱发柑橘锈壁虱的大量发生，还能杀死柑橘锈壁虱的天敌——多毛菌。因此，波尔多液在柑橘树上不能长期施用，特别在柑橘锈壁虱发生期应禁止施用。柑橘树对铜较敏感，在配制时一般使用倍量式，即硫酸铜、生石灰和水的比例为0.5 ∶ 1 ∶ 100，嫩芽期更应稀释，以免发生药害。

81 北京市顺义区网友“荆坨都市”问：枸杞树叶上长满了小疙瘩，是什么原因？

北京市农林科学院植物保护环境保护研究所 高级农艺师 徐筠答：

从图片看，是枸杞瘿螨为害导致的。枸杞瘿螨又称大瘤瘿螨，以成螨在枸杞树隙和腋芽内越冬，翌年4月，越冬成螨开始出蛰活动，每年5—6月和8—9月出现两次为害高峰，11月成螨开始越冬，一年发生在10代以上。

防治措施如下。

（1）成螨越冬前期及越冬后是防治关键期。在萌芽前喷

1次波美5度石硫合剂。

（2）掌握当地出瘿成螨外露期或出蛰成螨活动期，选择15%哒螨灵乳油3000倍液、20%螨死净胶悬剂2000～3000倍液、25%三唑锡2000倍液、5%尼索朗乳油2000倍液等喷雾。以上杀螨剂可加有机硅3000倍液效果好。每10天喷1次，连续2次。

（3）对异地调运的种苗要经过严格检疫，以减少该螨远距离传播的风险。

（4）要采用丰产抗逆品种进行扦插育苗，选择生长健壮、无病虫的枝条，用1.8%爱比菌素3000～4000倍液浸泡一下，然后进行扦插。

（5）保护天敌，不要喷广谱性杀虫剂。

82 重庆市网友“秀山西瓜”问：柚子树根部有孔，外有虫粪，是什么问题，如何处理？

北京市农林科学院植物保护环境保护研究所 高级农艺师 徐筠答：

从图片看，是天牛幼虫为害所致，防治措施如下。

（1）人工捕捉成虫。6—7 月，可利用从中午到下午 3 点前成虫静息枝条的习性，组织人员在果园捕捉，可取得较好的防治效果。捕捉方法：用绑有铁钩的长竹竿钩住树枝，用力摇动，害虫便纷纷落地，逐一捕捉。

（2）涂白主要枝干。4—5 月，即在成虫羽化之前，可在树干和主枝上涂刷"涂白剂"，把树皮裂缝、空隙涂实，防止成虫产卵。

（3）提前杀死幼虫。9 月前孵化出的天牛幼虫在树皮下蛀食，这时可在主干与主枝上寻找细小的红褐色虫粪，一旦发现虫粪，就用锋利的小刀划开树皮将幼虫杀死；也可在翌年春季检查枝干，一旦发现枝干有红褐色锯末状虫粪，就用锋利的小刀将在木质部中的幼虫挖出杀死。

（4）药物防治方法。6—7 月是成虫发生盛期和幼虫刚刚孵化期，在树体上喷洒 10% 吡虫啉 2000 倍液，7 ~ 10 天 1 次，连喷几次。大龄幼虫蛀入木质部，可采取虫孔施药的方法防治。清理树干上的排粪孔，向蛀孔填敌敌畏棉条，或者用一次性医用注射器，向蛀孔灌注 50% 敌敌畏 800 倍液或 10% 吡虫啉 2000 倍液，然后用泥封严虫孔口，即可达到较好防效。

83 四川省李先生问：杨梅在海拔800米以上的地方能种吗？

北京市林业果树科学研究院 研究员 鲁韧强答：

据资料介绍，杨梅喜酸性土壤，原产中国温带和亚热带湿润气候区域，主要分布在北纬20度至31度之间，海拔125～1500米的山坡或山谷中，其抗寒能力比柑橘、枇杷还强，因此，在海拔800～1500米是可以种植的。具体可再结合周边杨梅种植实地考察参考。

84 海南省汤先生问：杧果树发芽后能打波尔多液吗？打多大浓度合适？

北京市农林科学院植物保护环境保护研究所 高级农艺师 徐筠答：

杧果树发芽后枝叶比较幼嫩，如需防病，建议先喷1～2次杀菌剂。

波尔多液是保护性杀菌剂。一般杧果树在病菌侵入前或发病初期先喷其他杀菌剂，10天后再喷波尔多液，每15～20天喷施1次，充分利用其保护作用，达到防治效果。杧果树上使用波尔多液等量式和少量式剂型较多。

等量式，硫酸铜：石灰：水=1：1：200。

少量式，硫酸铜：石灰：水 =1 ： 0.3 ～ 0.5 ： 200。

在果树幼嫩时期，应使用较稀浓度，果树幼果期、果实临近成熟期不宜使用。

85 山西省王先生问：甜柿子的大秋、早秋、阳丰等品种，北方适合种哪种？

北京市林业果树科学研究院 研究员 鲁韧强答：

大秋是日本甜柿品种，近年才引入，没有经过多年生产实践的考验。但阳丰和新次郎是 10 多年前在引进的 10 多个日本甜柿中经过生产检验的好品种，建议发展。

86 北京市李女士问：3年的栗子苗和核桃苗需要怎样剪枝？

北京市林业果树科学研究院 研究员 鲁韧强答：

各种果树定植后都需要整形修剪。通过整形使树体从属关系分明，骨干大枝分布合理，枝叶疏密度适宜，有利于成花结果和生产管理。一般栗树和核桃树多采用主干疏层形，该树形可分三层，第一层3个主枝，第二层2个主枝，第三层1个主枝，各主枝上下插空分布。第一层距第二层1～1.2米，第二层距第三层0.8米左右。这样第一年定植后，将树苗留80厘米左右剪截定干，培养1个中心梢做中干，选3个方向分布均匀的新梢做主枝培养。第一年冬剪时，中心枝剪留60～70厘米，三大主枝剪留50～60厘米；第二年冬剪时，中央领导干和主枝同样长度剪截，三主枝上的侧枝留40厘米剪截；第三年冬剪中央领导枝与主侧枝与第二年相同，但对上年中央领导枝下的竞争枝要进行10～20厘米重短截，限制生长将其改造成枝组，也就是说第二年长出的枝，与第一层枝距离近，但不能当第二层主枝培养，第三年冬剪发枝才能选留第二层主枝；第四年冬剪同样对中干延长枝、主枝、侧枝延长枝进行剪截；第五年冬剪可选出第三层主枝。

87 安徽省网友"心静"问：红树莓怎么种植?

北京市林业果树科学研究院 研究员 鲁韧强答：

红树莓种植株距一般为 0.5 ~ 0.8 米，行距 2.5 米。栽植时挖宽、深分别为 0.4 米的南北行向定植沟，施足底肥，与表土充分搅拌后定植。定植后需及时灌水、整平畦垄，扶正苗木并留 20 厘米高剪干。红树莓枝条软，定植后需搭篱架，一般架高 1.5 米，拉 3 ~ 4 道铅丝。当新条长高时引缚于铅丝上，有利于通风透光和生产管理。北方冬季寒冷，落叶修剪后还要埋土防寒，翌春再出土上架，开始新一年的生长和生产管理。

88 北京市网友"心愿"问：冬天果树刷白灰兑石硫合剂，能起到防虫的作用吗?

北京市农林科学院植物保护环境保护研究所 高级农艺师 徐筠答：

果树一般刷白，有很好的防护作用。配方：生石灰 10 份、石硫合剂 2 份、食盐 1 份、植物油 0.3 份、水 40 份、黏土 1 份，搅拌均匀后进行树干涂白。

涂白剂的作用：

（1）涂白剂中的生石灰和食盐成分均对越冬的各类病菌有一定的杀灭作用，涂白剂还有加速伤口愈合的作用。

（2）杀灭部分越冬害虫及卵，如叶螨、蚧壳虫、天牛卵等，如能刮掉老翘皮，防治效果更佳。

（3）阻止一些在土壤越冬的害虫在春天爬到树上。

（4）防止牲畜咬伤树皮。

（5）防冻、日灼伤。通过涂白，可以将白天充足的阳光和紫外线反射出去，降低树干基部昼夜温差，避免冻害和日灼伤的发生。

89 新疆维吾尔自治区某先生问：山楂在多高温度下会产生日灼？

北京市林业果树科学研究院 研究员 鲁韧强答：

在夏季中午前后，气温在 36 ℃以上，日光强烈照射，一般果树树体在水分蒸发调节不力的情况下，局部叶片和果实表面温度升高，造成灼伤。这种现象在树长势弱的树上灼伤严重。另外在早春和初冬，天气晴朗昼夜温差大，树体蒸发量较小，树主干的西南面树皮，白天受日光照射升温膨胀，傍晚温度骤降冷缩，导致主干皮层纵裂，这也是日灼引起的伤害。

90 河南省网友“墨”问：果树根结线虫能根治么?

北京市农林科学院植物保护环境保护研究所 高级农艺师 徐筠答：

果树的根结线虫病非常难治，防治措施如下。

（1）严禁从病区调运苗木，移栽前对苗木进行消毒。可在移栽前用 48 ℃热水浸根 15 分钟或用 3% 阿维噻唑磷水乳剂 1000 倍液蘸根。

（2）采用生物防治，达到标本兼治的效果。增施淡紫紫孢菌微生物菌剂、有机肥，加强栽培管理。该菌剂是一种根结线虫特效药，有较好的防治效果。除此之外，还有水剂的线必治，效果也很好。

（3）化学防控，在果树投影下每平方米用 1.8% 阿维菌素乳油 1 毫升，稀释 2000 ~ 3000 倍后喷灌土壤，或者在果树投影外围，每 30 厘米挖 1 个深 20 厘米的小穴，每亩用 2 千克“纱线皇”颗粒剂与细沙按 1 ∶ 20 比例混合后施用。施用的时候最好是结合果树施肥进行，把混好的药土与肥料拌匀，可采取穴施、沟施、放射状施入等方式。

（4）注意事项：微生物制剂是活性制剂，应避免和杀菌剂、杀虫剂混用。使用时应当现配现用，避免阳光暴晒，以免紫外线杀死功能菌。

第三部分

粮食作物

（一）玉米

1 云南省王先生问：玉米穗腐烂，是什么病害引起？

北京市农林科学院玉米研究中心 副研究员 尉德铭答：

从图片看，是穗粒腐病。玉米穗灌浆期遇到连续降雨或阴雨天气，会加重籽粒的霉变。可以通过去掉基部干枯叶片及田间杂草，或者适当去掉顶叶，改变田间通风透光条件，减轻病害。

2 北京市大兴区网友"北京合园生态农业"问：玉米穗上有黑包，是什么病，怎么防治?

北京市农林科学院玉米研究中心 副研究员 尉德铭答：

从图片看，这是玉米瘤黑粉病。病菌以冬孢子形态在田间土壤中、地表、病残株上，以及混在粪肥中越冬，成为来年主要初侵染源。种子表面带菌会远距离传播病害。越冬冬孢子在条件适宜时产生担孢子和次生担孢子，二者经风雨传播到玉米幼嫩组织上萌发并直接穿透寄主表皮或经伤口侵入。雨水多和湿度大利于发病。

防治方法：

（1）减少菌源。在病瘤成熟破裂前及时割除并深埋；玉米收获后清除田间病株残体并将带病瘤茎秆深埋销毁；秋季深翻土壤，促进病残体腐烂，减少初侵染菌源。

（2）选用抗病品种。不同品种间的抗、耐病性差异明显，可选择发病轻或果穗不发病的品种。耐寒和果穗苞叶长而薄的品种较抗病；马齿型玉米较抗病。

（3）加强栽培管理。合理密植，施用充分腐熟的有机肥，平衡施肥并增施锌、硼微肥，防止过量施氮。灌溉要及时，特别是在抽穗前后易感病的阶段，必须保证水分的充分供应。

（4）实行轮作倒茬。发病重的地块可以采用玉米、高粱、谷子、大豆等作物三年轮作的方法进行防治。

（5）及时防治虫害。如玉米螟、蓟马、蚜虫等，减少由虫害造成的伤口感染，降低染病概率。

（6）进行药剂防治。用 50% 福美双可湿性粉剂以种子重量的 0.2% 拌种，或者 20% 粉锈宁（三唑酮）乳剂 200 毫升拌种 50 千克，或者 50% 多菌灵可湿性粉剂按种子重量的 0.5% ~ 0.7% 拌种；在玉米抽雄前喷 50% 的多菌灵或 5% 福美双，防治 1 ~ 2 次，可有效减轻病害。

3 甘肃省网友王先生问：如图所示，玉米是什么病害，怎么防治？

北京市农林科学院玉米研究中心 副研究员 尉德铭答：

从图片看，玉米是矮花叶病毒病。该病整个生育期都能感染，主要是蚜虫传播，防治方法如下。

（1）选用抗病、耐病品种。

（2）调节播期，使幼苗期避开蚜虫迁飞高峰期。

（3）加强田间管理，及时中耕除草，结合间苗，在田间尽早识别并拔除病株。

（4）治蚜防病。在矮花叶病常发区，可用内吸杀虫剂包衣，以控制出苗后的蚜虫为害。在玉米出苗前和定苗前，用10%吡虫啉30克/亩加5%菌毒清100毫升/亩，采用喷雾的形式，既能杀虫，也起到一定的减轻病害作用。

4 北京市怀柔区网友“灵犀”问：玉米叶片大量黄褐斑，是什么病，怎么防治？

北京市农林科学院玉米研究中心 副研究员 尉德铭答：

从图片看，玉米种植密度大，并受到高温多雨的影响，发生了严重的玉米褐斑病，防治方法如下。

（1）去掉基部坏死叶片，通过中耕除草使田间通风透光。

（2）可用25%的粉锈宁可湿性粉剂1500倍液叶面喷雾，或者50%扑海因（异菌脲）可湿性粉剂1500倍液喷雾、12.5%禾果利（烯唑醇）可湿性粉剂1000倍液喷雾。为了提高防治效果可在药液中适当加些叶面宝、磷酸二氢钾、尿素类叶面肥，促进玉米健壮生长，提高玉米抗病能力，减少损失。

5 北京市顺义区林先生问：鲜食玉米好吃，但虫害很重，怎么防虫？

北京市农林科学院玉米研究中心　副研究员　尉德铭答：

鲜食玉米主要虫害有苗期地下部害虫地老虎、蛴螬、金针虫，以及地上部玉米蚜、灰飞虱和蓟马等，危害较重。有文献报道用噻虫嗪、精甲霜灵加咯菌腈给种子包衣或拌种对防治以上虫害有很好的效果，药效可达 50 天以上。中后期主要虫害有菜青虫、棉铃虫、黏虫、玉米螟及金龟子，可选择低毒、残效期短的农药有针对性地进行防治。

最好进行综合防治。

（1）选择抗虫品种。

（2）物理防治：诱杀成虫。

（3）生物防治：利用天敌，释放赤眼蜂或用生物农药 Bt 乳剂、白僵菌杀虫剂等防治。

6 河北省网友"易道"问：玉米到底是稀植好，还是密植好?

北京市农林科学院玉米研究中心 副研究员 尉德铭答：

种植玉米不能简单地说稀植好还是密植好。决定种植密度有以下几个基本条件。

（1）要根据品种特性决定：高杆大穗型品种宜稀，中小穗型品种宜密。

（2）根据地力条件决定：地力差、肥力低的，取品种适宜密度的下限值，应种植密度小；地力好、肥力高的，要根据品种特性取适宜密度的上限值，种植密度大。

（3）管理能力：能精播细管的，可以提高一定的种植密度；粗放栽培管理的情况下可以降低一定的种植密度。

7 浙江省陈先生问：水果玉米种子播种前应怎么处理？

北京市农林科学院玉米研究中心 副研究员 尉德铭答：

水果玉米种子播种前应当晒种，可以通过紫外线杀死种子表面病菌及虫害，同时可以激活种子酶的活性，提高种子的发芽势和发芽率。也可以晒种后用种衣剂包衣进行消毒。若要浸种催芽，可在水温 40 ~ 45 ℃时，将选好的玉米种子倒入水中，水要没过种子 20 ~ 30 厘米，迅速把种子搅拌均匀，使种子均匀受热，浸泡 8 ~ 10 小时，种子全部吸水膨胀后捞出放进容器中，使其保持温度在 15 ℃，经过 24 小时就可以扭嘴发芽了。

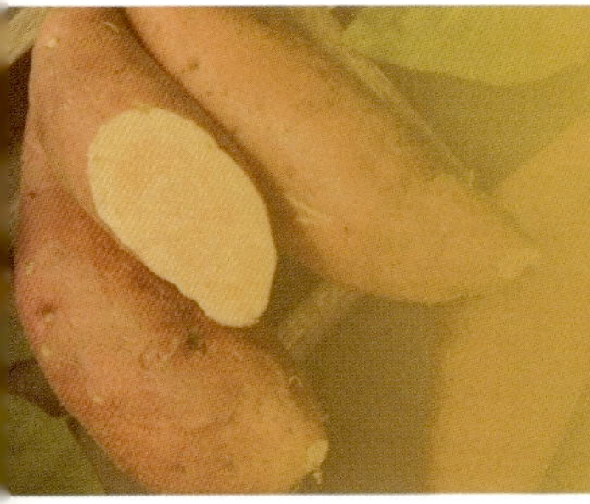

（二）其他作物

8 北京市昌平区赵先生问：甘薯苗出苗少，是怎么回事？

北京市农林科学院玉米研究中心 副研究员 尉德铭答：

从图片看，甘薯种薯出苗情况不一致，属于正常现象。不同种薯出苗会有差别，相同种薯出苗情况主要是受温度、水分的影响，也会出现出苗差异。一般情况下，种薯在 16 ~ 35 ℃的情况下都能正常出苗。在水分适宜的情况下，温度高出苗就快一些，出的也多一些；缺水或温度低都会造成少出苗或不出苗。

9 北京市密云区网友"山里人家"问：红薯秧子长得不好，是发生了病害吗？

北京市农林科学院玉米研究中心 副研究员 尉德铭答：

从图片看，不是病害，是土壤问题引起的。肥力过高或过低，或者是有除草剂残留等导致的，病害不可能只在一垄上发生。

10 北京市延庆区网友“包子”问：谷子一些叶子都枯死了，是怎么回事？

北京市农林科学院玉米研究中心 副研究员 尉德铭答：

从图片看，是谷子苗枯病，是土传病害，由一种真菌侵染根部引起。一般发生在 2 ~ 4 叶期间，先黄叶，根部变褐色，逐渐萎蔫枯死。低温、多雨、低洼、易涝地块发生重。

防治措施：

（1）选抗病品种；

（2）轮作倒茬；

（3）选择高燥易排水的地块栽培种植；

（4）播种前用多菌灵或甲霜灵或戊唑醇等拌种后播种。

11 北京市某同志问：甘薯在地窖里为什么在立春后容易烂，是怕冷还是怕热？

北京市农林科学院玉米研究中心 副研究员 尉德铭答：

立春后，甘薯在地窖里容易烂，是既怕冷又怕热的表现。

甘薯在储藏期间最适温度是10～14 ℃，湿度为80%～95%，空气中氧气和二氧化碳浓度分别为15%和5%时，能降低有机养料消耗，增加甘薯储藏时间。

立春后甘薯经长期储藏，生理机能衰退，并且此时甘薯芽开始萌动，抗性减弱，因此，容易腐烂。此时，天气又时冷时热，变化无常，当温度上升到20 ℃时，甘薯呼吸增强，消耗养料多，引起糠心，加速黑斑病和软腐病的发生。低于9 ℃易受冷害，使薯块内部变为褐色且发黑，出现硬心、煮不烂现象，后期易腐烂。窖内相对湿度低于80%时，易引起甘薯失水萎蔫；当相对湿度大于95%时，呼吸虽然降低，但微生物活动旺盛，易受病害侵染。当氧气不足时，甘薯进行无氧呼吸，产生酒精、二氧化碳和少量热量，酒精对薯块有毒害作用，也易引起烂窖。

12 北京市房山区周先生问：水稻稻穗不能满浆，大部分都是瘪子，是什么原因造成的？

北京市农林科学院杂交小麦工程技术研究中心 高级农艺师 单福华答：

水稻穗不能满浆、大部分是瘪子，实际上是水稻空瘪粒问题。

水稻在正常的气候和栽培条件下，其空瘪率约为10% ~ 20%；但在不正常的情况下，空瘪率可达30% ~ 40%，甚至更高，这对水稻产量影响很大。

（1）由于气候原因造成的瘪粒比较多。水稻抽穗开花时期，当温度低于20 ℃时，基本不能完成受精过程，形成空壳。但遇到35 ℃以上高温，同样对受精过程产生不利影响，空壳率会大量增加。

在抽穗结实期间，阴雨天多，日照不足，都会增加空瘪粒。湿度和风速对空瘪粒的形成也有一定影响，气候太干燥对受精不利，容易形成空壳；但若开花期间大雨或连日阴雨，湿度过大，也会影响受精和结实，形成空瘪粒。

（2）施肥不合理造成的空瘪粒。幼穗分化期施用氮肥过多，不利于营养物质的积累，会使空瘪粒增加；抽穗前期氮肥不足，抽穗叶片早衰，也会增加空瘪粒，导致减产。除氮肥外，水稻生育期间如缺少磷钾营养元素，同样会影响光合作用，导致生理机能的衰退，增加空瘪粒。

（3）灌溉管理不当引起的空瘪粒。在灌溉方面，如抽穗开花期缺水，导致受精不良，就会增加空瘪粒。稻田排水不良，或者长期深灌水，会引起黑根，中期晒田时间过长、过重，后期断水过早，促使植株早衰，增加空瘪粒。

（4）栽培密度过大产生的空瘪粒。在水稻插秧期或播种期间，株数过多或播种量过大使种植密度太大，封行过早，通风透光差，导致空瘪粒多。

（5）病虫害引起的空瘪粒。近年大田不能焚烧秸秆，很多稻草在大田里腐烂，导致病虫害非常严重，防治不及时，都会使空瘪大量增加，严重减产。

①病害原因。大多病害都会使水稻产生空瘪粒。特别是稻瘟病，如果水稻得了茎瘟或节瘟，茎部或节处病死，切断了稻穗与茎叶的输送。

②虫害原因。如果水稻二化螟发生严重，二化螟会咬食甚至咬断部分水稻茎秆，使养分无法输送到穗部。

③化学药剂原因。在水稻抽穗扬花期，由于使用除草剂、杀菌剂不当，或者使用植物生长调解剂不当等会引起空瘪粒。

因此，造成水稻空瘪粒的原因很多，应当根据实际情况查找原因，避免来年不必要的损失。

第四部分

花卉

1 浙江省网友“丽水～西米露”问：非洲凤仙花枝条上黑色不规则的斑块是什么病？有什么防治方法？

北京市农林科学院蔬菜研究中心 高级工程师（教授级） 周涤答：

从图片看，斑块是受病原菌侵染的组织，防治措施如下。

改善土壤条件，增加土壤透水性，忌长时间泡水或水分过大；修剪过密枝条；加强环境空气流动性；浇灌需要见干见湿；随水浇灌杀菌剂溶液，如多菌灵或甲托，间隔一周左右连用两次，应当可以缓解。

2 北京市平谷区农众物联技术员问：菊花叶片花脉，是生了什么病吗？

北京市农林科学院植物保护环境保护研究所 研究员 李明远答：

从图片看，不像是病害所致，原因如下。

（1）多发生在老叶上，新叶没事。如果是病害，新叶上也会出问题。

（2）异常处大多远离叶脉，说明和水分养分的供应有关，考虑水肥管理上是否有问题。应当查看根部的发育情况，有助于判断。

可把老叶片打掉，追一次肥，查看是否有所缓解。

3 北京市海淀区网友"零零零"问：花上是什么虫子，怎么防治？

北京市农林科学院蔬菜研究中心 高级工程师（教授级）周涤答：

从图片看，是发生了吹绵介壳虫。家庭花卉虫口密度小的情况下尽量采用物理方法清除，如用棉签蘸肥皂水捻杀清理。应在种植过程中经常观察，发现虫体尽早清除。

4 浙江省网友“丽水～西米露”问：球根秋海棠的叶子，叶片边缘焦枯，叶片略微卷缩，是什么原因引起的，有什么防治方法？

北京市农林科学院蔬菜研究中心 高级工程师（教授级）周涤答：

从图片看，叶片出现的问题是土壤、光照等环境不利因素导致的生理性病害。球根海棠日常养护中最忌长时间泡水或水分过大、通风不良，特别是再叠加低温环境。通常环境温度低于 10 ℃会存在冷害，导致生长不良，所以冬季应保证光照充足，环境温度 16 ~ 25 ℃最适宜；土壤应富含有机质且排水性良好；浇灌应遵循不干不浇、浇则浇透的原则，花期减少浇灌频率；施肥应稀肥勤施。可以对照一下养护的关键，尽早消除不利影响因素。可以摘除病叶、剪掉部分枝条，只要根系得到恢复，植株两周左右会焕发生机。

5 北京市怀柔区某同志问：长寿花叶片干边，是怎么回事？

北京市农林科学院蔬菜研究中心 高级工程师（教授级） 周涤答：

从图片看，长寿花是个别成熟或老的叶片有问题。大部分叶片和新叶都正常，且植株整体看起来生长状况良好，可以继续观察叶片的发展。日常养护重点是半个月随水施肥，浇灌应见干见湿，勤松土，保证光照充足和良好的通风条件。

6 陕西省网友“小帖陕西大荔”问：绿萝浇自来水好还是纯净水好?

北京市农林科学院蔬菜研究中心 高级工程师（教授级）周涤答：

绿萝长期浇未晒过的自来水和纯净水都不适合。用自来水浇灌应当晾晒两日，通常自来水硬度较高，需要定期酸化（用0.1%硫酸亚铁或柠檬适量兑水）再浇灌，减少土壤中盐分的积累，影响根系的吸收功能。

纯净水是一个笼统的水的名称，需要明确浇灌用纯净水的成分。通常纯净水也含有离子等电解质，如果纯净水偏中性或弱碱性，也需要定期酸化再进行浇灌。

7 山东省寿光市种植户问：白天室温 18 ℃，晚上 12 ~ 13 ℃，马齿苋有半边掉叶子，怎么回事？

北京市农林科学院蔬菜研究中心 高级工程师（教授级）周涤答：

从图片看，没有大问题，可能是低温导致的弱枝，叶片部分脱落，但是通过观察可以看到落叶的部分有新芽萌出，不影响植株整体生长。

马齿苋生命力强健，耐干旱，最低温度不能低于 10 ℃，保持环境 15 ℃以上即可。目前的温度条件植株生长势弱，应控制浇水或停止浇灌大水，可以在土坨表面采取喷雾形式浇水。

8 云南省昆明市花卉种植户问：如图所示，月季得了什么病，怎么防治？

北京市农林科学院蔬菜研究中心 高级工程师（教授级） 周涤答：

从图片看，是月季黑斑病的典型症状。叶片发病初期叶片正面出现褐色小斑点，后扩展成直径 1.5 ~ 2.0 毫米的圆形或近圆形黑色或深褐色病斑，病斑边缘呈放射状；发病中后期病斑可扩大为 5 ~ 10 毫米的深褐色病斑，中间颜色变黄，其上散生或轮状排列有许多黑色小点，为病原菌的分生孢子盘。病斑扩展到叶脉时，可使叶脉前的病斑演变成 V 字形的枯黄、枯死斑。病害严重时，多个病斑可重叠、相互连接，叶面可布满病斑，使叶片枯黄、脱落。

防治方面应以预防为主，治疗为辅。清洁花圃，冬季对病株进行重剪，并将病枝叶焚烧。生长期及时摘除病叶，剪除残花并焚烧，减少侵染源。

化学防治方面，可考虑与白粉病、灰霉病兼治，选用广谱、内吸、高效的农药。早期可选用20%苯醚甲环唑微乳剂1500～2000倍液、430克/升戊唑醇悬浮剂3000～4000倍液、30%苯醚甲环唑·丙环唑乳油2000倍液、400克/升氟硅唑乳油（福星）5000～6000倍液（亩用量15～20克）、50%丙环唑乳油2500～3000倍；生长中后期单一防治黑斑病时也可选用50%异菌脲可湿性粉剂800～1000倍液、70%甲基硫菌灵可湿性粉剂800～1000倍液、50%多菌灵可湿性粉剂800倍液。应注意不同药剂的交替使用。

9 山东省寿光市种植户问：墨兰花叶子上有黑点，是什么病，怎么防治？

北京市农林科学院蔬菜研究中心 高级工程师（教授级） 周涤答：

从图片看，是真菌引起的黑斑病。通常环境通风差，光照过强，喷水或施肥不当，引起植株生长势弱，容易受到环境中病原菌的侵害。可浇灌 65% 代森锰锌 600 ~ 800 倍液，浇灌应在晴天的早上进行，植株需要浇水时，以药液代水浇灌，连用 2 ~ 3 次。

墨兰通常需要温暖、湿润、散射光照和通风良好的生长环境。通风好是养好兰花的关键，特别是北方冬季门窗密闭保暖，更要注意给兰花定时通风；浇灌用水要洁净，自来水一定要晾晒两日才能作为浇灌水。浇水与温度、光照强弱等季节因素相关，应当适时调整，如夏、秋季在傍晚浇灌和喷洒，保证入夜前叶片表面干燥；而秋、冬季节，应在清晨浇水和喷洒。秋、冬季生长缓慢，应减少施肥，施肥应以"宜淡忌浓"为原则。

10 辽宁省某女士问：买回来的茶花花骨朵一碰就掉，叶片也有掉落的情况，是怎么回事？

北京市农林科学院蔬菜研究中心 高级工程师（教授级） 周涤答：

这是花卉的落蕾落叶现象，与环境的变化有很大关系。

北方居室环境与茶花原有的生境差别很大，即使和花卉市场的环境相比，仅就环境相对湿度而言，居室环境要小得多。落叶落蕾是植株的一种自我保护、调节生理机制的外在表现。茶花喜湿润的环境，空气相对湿度应在 60% 以上，最低生长温度为 0 ℃，花期适宜温度条件为 15 ℃以上，适宜的相对湿度为 70% ~ 80%，而北方居室冬季取暖，室内温暖干燥，对带蕾的茶花的生长、开花十分不利。例如，环境干燥，植物的叶片气孔闭合，蒸腾作用减弱或停止，根系吸收动力也相应减弱，导致水分和养分不能正常吸收，所以看到已有的花蕾不开，甚至落蕾，叶片随着植株缺水，出现嫩梢干枯和落叶的现象。应注意，如果一味地认为植株缺水持续浇灌，盆土长时间过湿，会使根系腐烂，导致植株死亡。

应及时消除或改善上述的不利因素。

11 上海市网友赵先生问：上海地区计划露天种植花卉，可以种哪些既有观赏性又有经济价值的品种?

北京市农林科学院蔬菜研究中心 高级工程师（教授级） 周涤答：

对于露天开展花卉种植，从园林绿化及市场需求看，建议以宿根花卉为主要考虑的种类。

宿根花卉种类繁多，上海气候条件下可选的种类丰富，考虑当地部分是碱性的土壤条件，以下几种可以考虑：长春花、鸢尾、玉簪、红花酢浆草、美女樱、毛叶水苏、银叶菊、针叶天蓝绣球、萱草、石蒜、葱莲等；松果菊、蛇鞭菊等也是不错的选择。

荷包牡丹、楼斗菜等不耐热品种应在上半年种植或应用。

观赏草可以选择一些花、叶等观赏性优秀的品种，如金叶苔草、金叶石菖蒲。

上述种类品种中不乏枝条或花朵可以进行再加工的品种。芳香类植物也是可以考虑种植的种类。

12 北京市某同志问：怎样才能使荷兰铁树分枝？

北京市农林科学院蔬菜研究中心 高级工程师（教授级）周涤答：

荷兰铁树生长旺盛的植株通过修剪和合理肥水管理可以促生萌发更多的枝条。

修剪可在入冬后和清明前进行。截枝前应保证养分供给充足，适当减少浇水。修剪时应使截面与水平面有一个夹角，防止雨水浸入，伤口处避免喷水。修剪后保证光照充足。

13 北京市某同志问：柠檬花期应该怎样来管理？

北京市农林科学院蔬菜研究中心 高级工程师（教授级） 周涤答：

柠檬花期管理应在水、肥、修剪等环节下功夫。

首先，修剪可使养分供给集中在芽、叶以形成更多的结果枝。盆栽柠檬在春梢萌发前，必须进行强度修剪，去除枯枝、病害枝、徒长枝、内向枝、交叉枝、萌生枝等。对强枝弱剪，留 4 ~ 5 个饱满芽；弱枝强剪，留 2 ~ 3 个芽，促使每个枝条多发健壮的春梢。春梢长齐后，为控制其徒长，可进行轻剪，剪去枝梢 3 ~ 4 节。以后长出的新梢有 6 ~ 8 节时就摘心，目的是诱发较多的夏梢。

其次，是花前"扣水"。目的是防止夏梢生长过旺，有助树体积累养分，促进花蕾的形成。具体做法是，在处暑前十余天对盆栽柠檬的供水逐渐减少；前 5 天停止供水，盆土经日晒，水分大量蒸发，使盆土干燥。根系因水分缺乏，枝叶失水，叶片出现干瘪、卷曲现象。为防止叶片脱水，可早上和晚上向叶面喷水，同时也可向盆土喷少量水，使柠檬处于既干旱又不至于枯死的条件下，其腋芽反而日益膨大，芽色由绿转白，当大部分腋芽由绿转白时，"扣水"促花就成功了。此时要及时恢复给盆栽柠檬供水。

最后，花期管理目的是保花保果。柠檬开花后，除每周施一次薄肥外，还须进行疏花疏果工作。在花未开时先疏去一部分花蕾；花谢、坐果后，再疏去一些位置不当的幼果，目的是减少消耗养分，让有限的养分集中供给保留下来的花、果，使果实长得更大更好。在果实成长期间，如果肥水充分，植株营养状况好，部分枝条会萌发新梢，新梢的成长必然会分走部分营养，影响果实的长大。为保住果实，对长出的新梢要及时抹除。果实黄熟时，停止施肥，并减少浇水，让土壤保持湿润略微偏干；倘若继续给予过多的肥水，则果实会提前老熟和早落，缩短观赏时间。

日常管理中要合理施肥。柠檬喜肥，平时应多施薄肥。植株在萌芽前施一次腐熟液肥，以后每 7 ~ 10 天施一次以氮肥为主的液肥，促使植株多长枝叶、多发春梢。每次摘心后，要及时施肥，促使枝条提早老熟。柠檬生长期间，可在盆面撒一些饼肥，使每次浇水都有一些肥料渗入土中，增强肥力。入秋后，减少施肥，避免植株营养过剩、促发秋梢，与果实争夺养分而导致落果。

要定期翻盆。盆栽柠檬由于盆土少，营养供给十分有限，多年后土壤肥力缺乏，柠檬会逐年衰弱，开花少、结果不多。为保持柠檬年年开花、结果，必须要翻盆。翻盆最适宜的时间在柠檬萌芽前的半个月。翻盆前，先准备好比原盆大一号的盆，将柠檬从盆中脱出，勿弄碎泥团，沿泥团削去 1 ~ 2 厘米厚的表层宿土，剪去枯根、烂根，并削去泥团底部 1 厘米厚的土，取出陷入土中原盆底垫的瓦片。在新盆排水孔上放置好瓦片，先铺一层 2 ～ 3 厘米厚的排水层，再铺一层 4 ～ 5 厘米厚富含营养的培养土（其中拌有少量过磷酸钙）。然后把柠檬泥团放入盆中，四周填入培养土至盆口处，略微压实盆土，浇足定根水，置于通风、半阴处，一周后放回原处，进行日常管理。

14 北京市某同志问：玫瑰海棠叶子变焦、花边变黑，是怎么回事？

北京市农林科学院蔬菜研究中心 高级工程师（教授级） 周涤答：

通常根系受损（浇灌过多或缺水时间过长），环境通风不良或环境干燥都会导致这种情况发生。可以对照检查一下植株是因为哪个不利因素导致的。

15 北京市某同志问：日本海棠和蜡梅在气温上升后应该怎么施肥和浇水？

北京市农林科学院蔬菜研究中心 高级工程师（教授级） 周涤答：

（1）蜡梅地栽。一般每年6—9月，每20天施一次液肥（可用骨粉和饼肥泡水，充分腐熟后施用），这样可以保证枝叶、花芽发育良好。初冬前浇一次水，花谢后施一次肥，并浇一次水，平时一般不浇水，只有天气太旱时才可以适量浇水。

（2）蜡梅盆栽。一般在每年的5—6月，每7天施1次腐熟的饼肥水，肥、水比可按3 ∶ 10配合。7—8月为蜡梅花芽形成期，施肥可每15 ~ 20天一次，且肥水的浓度应小一些，肥与水的配比以1 ∶ 5为好，这样有助于花芽分化。所施肥料必须充分腐熟，不然会烂根。秋后再施一次干饼肥，以供开花时对养分的需要。入冬后要让盆土偏干一些，不再施肥，否则花期缩短。在12月移入室内，如果室温高，元旦前即可开花；但若室温低，花期可延迟到春节前后。花后应移往冷凉处，防止过早抽新梢和新叶，影响花芽分化，对来年开花不利。

日本海棠可参照上述措施进行管理。

16 福建省陈先生问：藤本月季小苗如何栽培?

北京市农林科学院蔬菜研究中心 高级工程师（教授级） 周涤答：

春季植株生长将进入生长旺盛期，加上藤本月季通常分生枝较多，修剪非常有必要。以每一株保留 1 ~ 2 枝左右的健壮枝，各枝保留 3 个左右的饱满芽为修剪要求，一般以最顶端的芽作为外侧芽选择的主要标准，剪口必须与顶芽保持在 2 ~ 3 厘米的距离。在不影响苗木成活率的情况下， 在进行整形修剪时要去掉弱枝、伤残枝，提高整体观赏性。栽植时与支撑物之间的距离最少保持在 20 厘米以上。完成一系列的定植作业后，浇一次透水，第二次与第三次浇透水时间分别是 3 天后、一周后，在第三次浇透水后，可进行常规管理。同时，根据植株生长的实际情况，按照主枝、侧枝的顺序，采用分散固定与牵引的方式。

在夏季还需要适当的遮阴，在生长阶段，要每 10 天就追肥一次。藤本月季可以采用人工牵引的方式，将枝条绑缚于支架上，在花芽分化或花后，剪掉衰老枝、重叠枝、病虫枝，确保藤蔓分布的均匀性，为新枝的生长，提供有利的环境。

在 8—10 月高温、干旱的夏秋季，选在早上或傍晚，对根部直接浇水。在浇水的过程中，要严格控制浇水的力度与范围，尽量不要打湿叶片。土壤湿度过高、排水不顺畅及通气条件差，均可能会出现烂根的现象，甚至还会对苗木的正常生长产生极大的负面影响。为确保苗木茁壮健康成长，在浇水中，要结合各生长发育阶段苗木需水量的实际情况，制定科学合理的应对措施。一般孕蕾期与发芽期需水量较多，土壤湿度宜保持在 75% 左右。每月还要定期疏松土壤， 透气、透水才能确保植株的健康生长。

17 北京市某同志问：水插的栀子花怎么移栽到花盆?

北京市农林科学院蔬菜研究中心 高级工程师（教授级） 周涤答：

水插的枝条生根达到 1 厘米左右根长时应尽快移栽，过长的根容易损伤，影响成活，缓苗时间更长。选择排水性良好的砂质壤土，底部 1/3 土壤加入底肥并混匀，上部壤土不加肥，避免伤根。移栽后需要遮阴，同时需要薄膜覆盖保证环境相对湿度达到 70% 以上，直至看到新叶长出才可以开展正常养护。

18 北京市某同志问：蜡梅开花后怎么养护?

北京市农林科学院蔬菜研究中心 高级工程师（教授级） 周涤答：

花后要尽早短截开花枝条，促进腋芽萌发，同时疏剪过密的侧枝；根蘖条要全部除掉，以保持树形。特别要注意保证树周边排涝良好，防止土壤长时间水湿。

19 北京市某先生问：北方怎样移栽四季桂花？

北京市农林科学院蔬菜研究中心 高级工程师（教授级） 周涤答：

桂花的根系为肉质根系，移栽后恢复时间较长，因此移栽处理和移栽后管理要精心，应从挖穴及土壤处理、土球断根、吊装、运输、栽植后管理、肥水等环节考虑，采取必要的技术措施。

（1）挖穴及土壤准备。在桂花移栽前约 7 天应在选择好的移栽地上将树穴挖好，所挖树穴的直径应比待移栽树的包装直径大 1 米左右，高度控制在与待移栽桂花的土球高度一致。将挖出的土壤摊开晾晒，应注意将表层与底层土分开放置，清除土壤中的杂质，如砖头、石块等。此外，还应对土壤进行消毒，按土与硫酸亚铁的比例为 10 ∶ 1 进行混合，这样不仅可以增加土壤中的酸性，还可增强土壤肥力。

（2）土球断根。断根的直径不可小于树冠直径的 1/3 ~ 1/2。一般泥球的直径为树干直径的 8 ~ 10 倍为佳，土球的厚度一般约为球径的 2/3。按照适宜的直径与高度挖出土球后，应进行包扎，可用蒲包、草绳等，应将桂花的根颈部一起包扎，并在主干上进行收口。桂花的起苗不可选择在雨天进行，此时土壤中的湿度较大，容易使泥球散开。若选择在夏天进行起苗，此时天气炎热，土壤较干燥，在起苗的前两天应及时浇水，保证土壤中的水分含量适宜，促使土壤具有黏性，不易出现散球。

（3）吊装和运输应遵循大树移栽的规范进行。

（4）移植后管理。按照生根剂说明书使用生根剂。叶片应喷施蒸腾抑制剂，使用时，喷全株，以叶面喷湿不流水为标准，每 7 ~ 10 天使用 1 次，连续使用 2 ~ 3 次即可。适时修剪，将骨干枝条进行保留，在确保树干骨架完整的基础上，将最后一个生长季节生长出的枝叶剪去一部分。此外，还应将细弱枝、病虫枝、残枝、内生枝和徒长枝剪除，切忌仅将主干保留，剪去全部枝叶。若搭遮阴篷遮阴，遮阴篷应与树体保持 50 厘米间距。

（5）肥水管理。桂花喜肥，施足基肥很重要，宜选充分腐熟的有机质肥，如堆肥等。移植桂花后，一般土球的表面高度应与地面相平，但是如移植地为易积水地块，应保证土球表面的高度高于地面。除了施足基肥外，每年还应进行 3 次追肥，第 1 次是在 3 月下旬进行，每株施速效氮肥 0.1 ~ 0.3 千克，以促使桂花的高生长与多发嫩梢；第 2 次是在 7 月进行，每株施速效磷钾肥 0.1 ~ 0.3 千克，以提高桂花对干旱的抵抗能力；第 3 次在 10 月进行，每株施有机肥 2 ~ 3 千克，以提高其抗寒能力。水分管理方面对桂花移植能否成活十分关键，在移植结束后应及时地浇定根水，一定要浇足、浇透，此后每天对苗木地上部分进行喷水，一般喷 2 ~ 3 次即可，具体的次数可根据当天的天气情况而定；桂花的根部切忌每天浇水，除了移植结束后将定根水浇足、浇透外，每 7 天浇 1 次，每次要保证浇透。

第五部分

土肥

1 山东省网友“影子”问：硝酸铵钙和硝酸钾能一同混用冲施吗？

北京市农林科学院植物营养与资源研究所 研究员 张有山答：

硝酸铵钙和硝酸钾可以混合冲施，二者都属于硝酸盐，不会发生沉淀影响肥效。硝酸铵钙是一种新型的复合肥料，由硝酸铵和石灰石或白云石通过熔融制成，有效弥补硝酸铵易吸湿、易燃和爆炸的缺点。硝酸铵钙含氮 27%，含钙 12%，氮、钙都是速效的，适合做追肥，它是一种生理中性肥料，因其含有钙，所以特别适用于酸性土壤。

2 北京市通州区网友“曲天水”问：什么样的有机肥适合用作草莓栽培？自己用菌剂沤肥应注意什么关键问题？

北京市农林科学院植物营养与资源研究所 研究员 左强答：

草莓栽培使用的有机肥主要起疏松土壤、提高根系透气性的作用。适宜采用有机质含量高、中性或弱酸性、盐分含量低、发酵充分的有机肥，一般以羊粪、牛粪为主要原料加工的有机肥较为适宜，不建议使用含盐较多的鸡粪。

利用菌剂制肥时应使用纤维含量多的原料，混拌均匀，保持水分含量在 50% ~ 60%，10 ~ 15 天要翻堆一次，在约 1 周的发酵过程中堆体温度应保持在 60 ℃以上。

3 四川凉山网友"黔霉"问：目前土壤的 pH 值是 8，草莓地怎么调酸碱度?

北京市农林科学院植物营养与资源研究所 研究员 张有山答：

草莓喜欢肥沃的轻壤或沙壤土，适于草莓生长的土壤酸碱度（pH 值）为 5.5 ~ 7.0，即为中性至微酸性。pH 值为 8 属于偏高，建议用硫黄粉改良，共用三次。第一次在做苗床时每亩用硫黄粉 20 ~ 30 千克；第二次在定植时穴施硫黄粉每亩 10 千克；第三次在盖膜时通过侧施每亩硫黄粉 15 千克。施 1 年可管 2 ~ 3 年，不用年年施。作为辅助办法也可以增施有机肥料，提高土壤的调节和适应能力。

第六部分

食用菌

1 北京市东城区某先生问：新冠肺炎疫情防控时期的食用菌如何管理？

北京市农林科学院植物保护环境保护研究所 研究员 陈文良答：

在新冠肺炎疫情防控的关键时期，食用菌的管理需要注意以下几点。

（1）食用菌公司、企业和菇场的工作人员，应注意自身防护，戴口罩，勤洗手，不聚集，多通风，少去人口密集处，确保自身安全。

（2）工作环境和菇房，可用必洁仕二氧化氯消毒剂 5000 倍液喷雾消毒，防止病毒和杂菌滋生蔓延。每 3 天喷雾 1 次。

（3）菇房安排专人按时管理，根据菇种的生物学特性，满足其对温度、水分、相对湿度、光线和通风的需求，保证食用菌正常生长。

（4）菇房采摘人员所戴一次性手套，用必洁仕“一擦灵”擦拭消毒；所用塑料筐用必洁仕 5000 倍稀释液擦拭消毒。

（5）产品包装和外出运输车辆需要使用上述消毒剂喷雾消毒。

2 安徽省某先生问：猪肚菇种植有哪些要求？怎样进行种植？

北京市农林科学院植物保护环境保护研究所 研究员 陈文良答：

猪肚菇一般称作大杯伞，是一种野生食用菌，近年驯化栽培成功，有较好的发展前景。

1. 大杯伞的生物学特性

（1）营养。大杯伞所需的碳源、氮源和矿物质，一般从栽培料中能够得到满足，没有特殊的要求。

（2）温度。菌丝体生长适温为 25 ~ 28 ℃，子实体生长适温 22 ~ 30 ℃，属于高温型食用菌，子实体形成不需温差刺激。

（3）水分与空气相对湿度。培养料含水量 60%，子实体阶段要求空气相对湿度为 80% ~ 90%，要求覆土层水分充足，保持湿润。

（4）光照。菌丝生长无须光照条件。子实体阶段需要充足的光照，光照不足的原基不能分化。菇房必须光照充足，但也不可阳光直射。

（5）通风。大杯伞栽培中必须覆土，以利于原基的形成。当原基生长成棒形后，需要充足的氧气以利于分化，此时菇房要加强通风，以促进原基的分化和子实体的生长。

（6）酸碱度（pH 值）。菌丝生长适宜 pH 值为 5.0 ~ 6.5。

2. 大杯伞的栽培管理技术

（1）栽培原料。阔叶树木屑、稻草、麦秸、棉籽壳、废棉等都可以作为栽培原料，并配以一定量的麦麸、玉米粉、石灰、石膏等。

（2）栽培季节。大杯伞为高温型食用菌，一般春季接种栽培，制作菌袋。菌丝长满袋需 40 天左右。在夏季和秋季子实体生长、采收。采收期在 9 月中下旬结束。日光温室可提早接种栽培，采收期也可适当延迟。

（3）栽培场所。大杯伞在日光温室、塑料大棚和小拱棚都可以栽培。出菇期正值高温高湿的夏季，容易出现菌袋污染，菇房要经常喷洒必洁仕消毒剂 5000 倍稀释液消毒。

（4）栽培配方。大杯伞是熟料栽培食用菌，常用配方为：①木屑 78%，麦麸 20%，糖 1%，石膏 1%；②木屑 40%，稻草 40%，麦麸 18%，石膏 1%，石灰 1%；③木屑 40%，棉籽壳 40%，麦麸 16%，玉米粉 2%，糖 1%，石灰 1%。

（5）栽培管理要点。

①配料消毒。将配料含水量调到 60% 后装袋灭菌，高压灭菌 2 小时；常压灭菌 16 ~ 24 小时。

②菌袋培养。接种后在 25 ℃左右温度下发菌，40 天左右菌丝可长满菌袋。

③菇房出菇。菌丝长满袋后移入菇房，做畦、脱袋，覆土厚度为 3 厘米，适量喷水，保持土层湿润，覆土 7 ~ 14 天即可生长出棒状原基。出菇期间保持菇房温度 25 ~ 28 ℃，空气相对湿度 80% ~ 90%，空气相对湿度低时，要增加喷水次数。菇房要加强通风，保持空气清新，以及一定的散射光。

在上述管理条件下，子实体生长 5 ~ 7 天就能够采收。

3 北京市海淀区某先生问：鸡纵菌怎样进行栽培?

北京市农林科学院植物保护环境保护研究所 研究员 陈文良答：

鸡纵菌属于口蘑科食用菌，目前在人工驯化栽培阶段。

1. 鸡纵菌生长温度

鸡纵菌丝体生长温度为 12 ~ 27 ℃，在温度为 25 ℃时菌丝体生长得最好。子实体生长温度为 12 ~ 24 ℃，16 ~ 20 ℃最为适宜。

2. 鸡纵菌栽培料配方

鸡纵菌是一种和白蚁共生关系的食用菌，在配方中加入蚁巢浸出液有利于鸡纵菌丝体生长。

（1）阔叶树木屑 78%，麦麸 20%，蔗糖 1%，石膏 1%，栽培料与蚁巢浸出液比为 1 ∶ 1.2，即含水量 60% 左右。

（2）阔叶树木屑 66%，麦麸 16%，蚁巢 16%，蔗糖 1%，石膏 1%，含水量 60%。

3. 鸡纵菌栽培方法

（1）在春季利用菌袋制菌。菌袋经过常压或高压灭菌，然后接入菌种培养，在 22 ~ 25 ℃条件下，培养 40 ~ 50 天菌丝体长满袋。

（2）栽培场地选择地势平整、土壤肥沃、酸性的土壤。在日光温室、塑料大棚或小拱棚内栽培容易成功。打畦栽培，畦宽 1 米，长度不限。扒出表土 15 厘米，打成洼畦。把培养好的菌袋脱袋，埋入畦中，覆土 20 厘米。在 6 月前后出头潮菇；当年 9—10 月能够出第二潮菇。

4 黑龙江省文先生问：黑木耳菌袋接种 7 天就污染了，是菌袋料的问题，还是接种问题？

北京市农林科学院植物保护环境保护研究所 研究员 陈文良答：

可能是被黑根霉和毛霉污染了。经过分析，有两种原因。

（1）菌料热力消毒不彻底，常压消毒建议从 20 小时增加到 24 小时。

（2）接种方法不当。接种后，接种口没有封上，容易被杂菌侵染，导致污染。

黑木耳菌袋正确的接种方法：应该从菌袋的两端接种，不能使用香菇的接种方式（在菌袋中间打孔接种）。黑木耳菌袋在接种室内，先用必洁仕消毒剂熏蒸后，然后从菌袋口接种，接种后，立刻套上无菌的塑料颈圈，确保不裸露，并且在适合的温度条件下进行培养，这样能够大大减少菌袋污染，提高菌袋成品率。

5 河北省秦皇岛市网友"始终如一"问：羊肚菌种植要点有哪些？

北京市农林科学院植物保护环境保护研究所 研究员 陈文良答：

1. 羊肚菌种植方法

栽培料配方：

（1）农作物秸秆粉74.5%、麸皮20%、磷肥1%、石膏1%、石灰0.5%、腐殖土3%；

（2）木屑75%、麸皮20%、磷肥1%、石膏1%、腐殖土3%；

（3）棉籽壳75%、麸皮20%、石膏1%、石灰1%、腐殖土3%；

（4）玉米芯40%（粉碎）、木屑20%、豆壳15%、麸皮20%、磷肥1%、石膏1%、糖1%、草木灰2%。

根据当地资源情况，选择上述1～2种配方。

2. 菌袋制作与培养

（1）制作。以上培养料料水配比为1∶1.3，拌好料后，堆积发酵20天，料温最高达到60～65℃，含水量达60%左右。然后装袋，规格17厘米×33厘米的塑料袋，每袋装料0.5～0.6千克。在100℃的温度下，常压消毒10小时，冷却后，菌袋两端接入菌种。

（2）培养。在20～22℃温度下培养30～35天，菌丝体长满袋，就可以进行栽培。

3. 栽培方法

（1）室内脱袋栽培。菇房使用必洁仕二氧化氯消毒剂消毒后即可栽培。先在每层床面上铺塑料布，在上面放入3～4厘米厚的腐殖土，拍平，脱去塑料袋，将菌棒逐个排列在床架上，每平方米床面可排列17厘米×33厘米的塑料菌袋40个左右。及时覆土3～5厘米，然后轻喷水1次，表面盖2厘米厚的竹叶或阔叶树落叶，保持土壤湿润，1个月后可长出子实体。

（2）室外脱袋栽培。选择光照为三分阳、七分阴的林地作畦。畦宽1米，深15～20厘米。整好畦后喷水或轻浇水一次，用必洁仕二氧化氯消毒剂5000倍液喷雾消毒。脱袋排菌棒、出菇方法与室内栽培相同，菌袋直接接触土壤。注意畦内温度变化，温度需要保持在12～22℃，保证散射光条件，避免阳光直射。

4. 栽培管理措施

羊肚菌喜湿，生长环境必须保持空气相对湿度在80%～95%。在室外栽培，冬季尤其是早春，南方降雨较多，温度合适，则菌丝体、子实体生长良好。若早春遇干旱，必须适时浇水。早春在几周之内有4～16℃的低温条件，能刺激羊肚菌子实体的形成；如果这时温度变化剧烈（低于4℃或高出16℃），都会影响子实体的发育。北方日光温室如果相对湿度低，应该及时浇水，提高空气湿度。总之，在早春对羊肚菌保持适宜的温湿度条件是栽培成功的关键。

6 北京市某先生问：如图所示，菌袋是什么菌污染了，如何防治？

北京市农林科学院植物保护环境保护研究所 研究员 陈文良答：

从图片看，菌袋是被黑根霉污染了。

在防治上，注意菌袋热力消毒要彻底。接种前，要无菌操作，先用必洁仕消毒剂熏蒸接种室后再接种，每立方米空间用药 0.75 ～ 1.0 克。在培养室先把污染菌袋淘汰，移出培养室，避免继续侵染好菌袋；再用必洁仕消毒剂 3000 倍液喷雾消毒，每周喷 1 ～ 2 次。平时管理，要注意培养室通风换气。

7 安徽省某先生问：购买发菌好的平菇菌袋很多都污染了，如何防治？

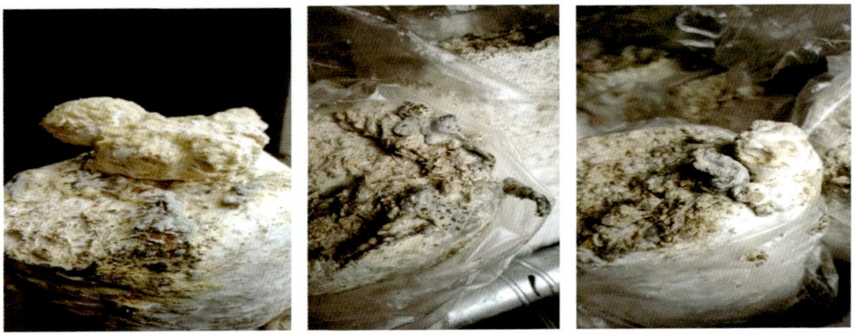

北京市农林科学院植物保护环境保护研究所 研究员 陈文良答：

从图片看，主要是在出菇期，菇房不通风、温度高、相对湿度大，被毛霉菌、木霉菌等杂菌污染了。建议采取下列措施减少损失。

（1）淘汰污染袋，移出菇房处理，减少侵染源，避免新的危害产生。

（2）控制温度，加强通风换气。通风不够，高温高湿，极易导致菌袋杂菌污染。大棚菇房前后要有通风孔，前面塑料布要掀起1米高，以利于通风换气，降低相对湿度。平菇出菇期，温度应该控制在10 ℃左右，温度不要超过20 ℃，建议大棚顶部加强草帘覆盖，减少阳光照射。

（3）使用必洁仕二氧化氯消毒剂防治。在没有出菇的菇房，使用本消毒剂熏蒸，每立方米用药 0.25 克，即 1 片 A 剂药片，熏蒸 3 ~ 5 立方米的空间。在已经出菇的菇房，使用本消毒剂 5000 倍液喷雾防治，药液喷均，防治效果比较好。

8 河南卢氏县王先生问：香菇菌袋被杂菌污染了，还能挽救吗?

北京市农林科学院植物保护环境保护研究所 研究员 陈文良答：

香菇菌袋是被木霉、毛霉、黑根霉等杂菌污染了。菌袋被杂菌污染的根本原因是热力消毒不彻底。

（1）菌料颗粒过大，吸水不够。热力消毒的原理是通过水分传导温度，水分不足，消毒效果大大降低。建议菌料过筛，剔除大颗粒再利用。

（2）污染的废弃菌料不能经过消毒后再次利用，这会导致新的大面积污染。

（3）消毒时间不够。在 100 ℃情况下，消毒 12 小时，很难消毒彻底。建议延长消毒时间至 20 小时以上。

（4）已经污染严重的菌袋不能挽救了，只能淘汰。菇房用必洁仕消毒剂 3000 倍液喷雾消毒菇房，每周喷雾一次进行防治，避免发生新的污染。

9 山东省某同志问：黑鸡纵菌袋出现污染，如何进行防治？

北京市农林科学院植物保护环境保护研究所 研究员 陈文良答：

建议采取以下措施进行防治，避免污染扩大蔓延。

（1）首先要把污染的菌袋及其附近土壤挖出来处理掉（可采用深埋等方式），尽量减少污染菌料和杂菌掉入地面，避免木霉菌在大棚内继续扩大传染。

（2）菇房要加强通风换气，把周围塑料布掀起，降低大棚内温度和空气相对湿度。菇房温度控制在 22 ℃以下，相对湿度控制在 70% 以下。

（3）在菇房没出菇情况下，用必洁仕消毒剂 3000 倍液灌根或喷雾防治，每周喷雾一次。在污染的地面上要多灌、多喷，控制杂菌侵染蔓延。

10 黑龙江省刘先生问：滑菇液体菌种污染了，怎么防治?

北京市农林科学院植物保护环境保护研究所 研究员 陈文良答：

滑菇液体菌种避免污染应注意以下几点。

（1）要保证液体菌种的纯正和质量。接种车间用必洁仕消毒剂熏蒸后再接种。

（2）淘汰污染的菌袋，避免继续侵染新的菌袋。

（3）加大通风换气力度，降低培养车间的温度和相对湿度，温度控制在 20 ~ 22 ℃比较合适，相对湿度控制在 30% ~ 70%。

（4）培养车间使用必洁仕消毒剂 4000 倍液喷雾消毒，每周喷雾一次。

11 浙江省项先生问：如图所示，黑木耳菌袋怎么了？如何防治？

北京市农林科学院植物保护环境保护研究所 研究员 陈文良答：

黑木耳菌袋是被木霉菌污染了，污染的还比较普遍，应及时防治，方法如下。

（1）淘汰污染菌袋，移出黑木耳菇场，深埋或烧毁，避免继续侵染。

（2）把塑料棚周围塑料布掀起，加强菇房通风换气，降低菇房空气相对湿度，湿度保持在 80% ~ 90% 比较合适，不要超过 95%，菇房湿度大，就要多通风。

（3）别往黑木耳菌袋栽培料上喷水过多；喷水雾化程度要高、要细，避免形成杂菌侵染和繁殖的环境条件。

（4）喷药防治。用必洁仕二氧化氯消毒剂 4000 倍液喷雾防治，往菇房空间均匀喷洒，每周喷雾一次。

（5）菌袋污染比较严重、普遍，可能是热力消毒时间偏短。建议延长消毒时间。

12 山东省某先生问：香菇菌袋用必洁仕消毒剂喷雾消毒，能够和杀虫剂混配使用吗?

北京市农林科学院植物保护环境保护研究所 研究员 陈文良答：

培养室用必洁仕消毒剂喷雾消毒，它不能和杀虫剂混配使用。因为必洁仕消毒剂是氧化剂，混配使用时将会大大降低杀虫剂的杀虫效果，甚至使杀虫剂无效，因此要分开使用。

正确的使用方法：上午使用必洁仕消毒剂喷雾消毒培养室，当天下午或第二天再使用杀虫剂喷雾防治食用菌害虫。

13 河北省网友“刘先生”问：平菇黄斑病如何防治？

北京市农林科学院植物保护环境保护研究所 研究员 陈文良答：

平菇黄斑病是细菌侵染性病害，为假单孢杆菌所致，建议采取的预防和治理措施如下。

（1）尽量采取熟料栽培方法，菌袋含水量不要过大。

（2）黑色品种和软柄品种容易感染黄斑病，栽培前做好品种选择是预防病害发生的重要措施。建议采用浅灰色的抗病品种种植。

（3）污染菌袋移出菇房，避免继续侵染。

（4）加强菇房通风换气，降低菇房空气相对湿度，出菇期间湿度保持在 80% ~ 90% 比较合适，不要超过 95%，菇房湿度大，就要多通风。菇房出菇温度保持在 8 ~ 15 ℃比较合适。

（5）别往菌袋子实体上直接喷水，减少菌盖上面积水；喷水雾化程度要高、要细，避免形成细菌侵染和繁殖的环境条件。

（6）喷药防治：在黄斑病发病初期，用必洁仕二氧化氯消毒剂 4000 ~ 5000 倍液喷雾防治，往菇房空间均匀喷洒，每周喷雾一次。

第七部分
畜牧

（一）家畜

1 北京市林先生问：2.5 千克左右的小狗体内长寄生虫，粪便中有蝇蛆大小的白色虫子，用什么药才能杀死？

北京市农林科学院畜牧兽医研究所 兽医技术员 赵际成答：

这种寄生虫应该是绦虫，比较难根治，多发于散养犬。使用丙硫苯咪唑空腹口服，体重每千克 20 ~ 50 毫克。每天一次，连用 3 天。3 个月后再按上述方法驱虫。如果还能见到虫，就每 3 个月一次。如果见不到虫了，就在每年的 3—4 月驱一次虫。连续几年，就可以根治。提醒要做好养犬卫生，见到犬的粪便及时清理，同时要训练犬只，不要让犬有吃粪便的恶习。

2 北京市通州区某先生问：玉米有百分之三的霉粒，喂怀孕母牛行吗？

北京市农林科学院畜牧兽医研究所 副研究员 初芹答：

肯定不行，发霉的玉米含有黄曲霉毒素，千万不能喂怀孕母牛。

3 新疆维吾尔自治区网友"天山农夫"问：用纯粮固态酒糟，可以喂哪些家畜，要不要进一步发酵或加工成颗粒？

北京市农林科学院畜牧兽医研究所 研究员 刘华贵答：

酒糟喂猪、鸡、牛、羊等动物都是可以的，但是不能饲喂处于怀孕期的动物。酒糟含有一定数量的酒精，对怀孕动物不好。酒糟不用再发酵，直接饲喂就可以，但是酒糟在饲料中的比例不能太大，一般建议适宜添加量为7% ~ 8%。幼龄动物由于消化能力弱，也不建议饲喂。

4　山东省威海市陈先生问：青山羊如何提高多胎率？

北京市农林科学院畜牧兽医研究所 副研究员 初芹答：

山羊提高多胎率的措施：

（1）选择多羔的公羊和母羊留种；

（2）加强种羊的管理，提高精液品质；

（3）加强母羊管理，适时配种，及时淘汰老、弱、多次配种不孕母羊；

（4）母羊发情后，可实行两次配种，提高母羊受胎率。

（二）家禽

5 北京市海淀区网友问：夏季连阴雨，散养鹅、鸭易生病，有什么中草药能提高鹅、鸭的抵抗力吗？

北京市农林科学院畜牧兽医研究所 研究员 刘月焕答：

用中草药提高家禽的抗病能力的可能性非常低。应事先做好预防，注意饲养管理，诊断清楚的前提下进行治疗。

6 山东省青岛市网友"山东青岛海浪"问：什么品种的公鸡肉质口感好？什么品种的母鸡下的蛋好吃？

北京市农林科学院畜牧兽医研究所 副研究员 初芹答：

不能绝对地说哪一个品种的肉质好或蛋好吃，肉、蛋的品质与品种、饲料和饲养方式、养殖条件、养殖时间长短都有关系。如果所有条件都一致的情况下，我们国家的地方鸡品种与白羽快大型肉鸡和高产蛋鸡相比，生长慢，产蛋间隔长，营养物质沉积时间长、比例高，口感和品质略佳。

建议养殖山东的地方鸡种，如琅琊鸡、寿光鸡、济宁百日鸡、芦花鸡、鲁西斗鸡等。

7 河北省保定市网友“小锐”问：鸡有些拉黄白色粪便，没精神，屁股是湿的，是什么问题，怎么治疗？

北京市农林科学院畜牧兽医研究所 兽医技术员 赵际成答：

可能是消化不良性质的拉稀，停止饲喂菜叶子，同时驱球虫，观察一下再决定如何进一步治疗。

8 北京市房山区霍女士问：鸡拉白痢，还打蔫，怎么办?

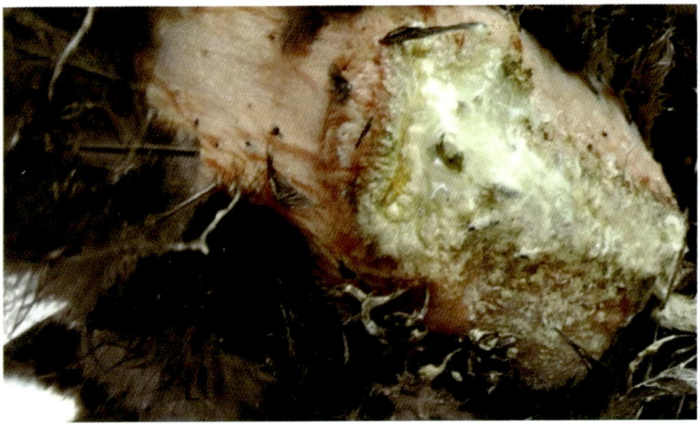

北京市农林科学院畜牧兽医研究所 兽医技术员 赵际成答：

鸡白痢在鸡场普遍存在。一般大鸡属于隐性感染，带菌但不发病。这个病对雏鸡危害较大，母鸡会通过垂直传播污染种蛋和雏鸡。发生鸡白痢只能使用抗生素治疗，没有更好的办法。发生鸡白痢的鸡肯定会打蔫，可以选择治疗沙门氏菌的粉剂拌料饲喂，也有投水饮用的药物。因为现在的兽药商用名变化太大，需用户到当地兽药门市询问购买。购买雏鸡最好在做过净化的种鸡场购买，购买前应该把鸡场清空，彻底消毒，才能重新进雏，进雏后也需要加强消毒。另外，鱼粉是沙门氏菌的主要污染源，购买饲料最好找大厂购买。

第八部分

水产

1 山东省陈先生问：如果养鲤鱼、草鱼、鲫鱼、黑鱼、鮥鱼，一亩地需要放多少尾鱼苗比较合理？

北京市农林科学院水产科学研究所 副研究员 徐绍刚答：

这要看用户是想单养还是想混养。如果是混养，首先要确定主养品种，一般主养品种要占到总产量的 80% 左右，套养品种一般占 20% 左右为宜。关于放养苗种数量问题，需要根据用户放的鱼苗规格、计划当年鱼种养成的规格、计划的亩产量等因素来确定放养苗种的数量。

举例：如果春季放养鲤鱼夏花，计划秋季养成 0.1 千克左右的秋片，亩产量在 1500 千克左右，成活率为 70% ~ 75%，那么鲤鱼夏花每亩放 20 000 尾左右就可以了。

2 北京市顺义区“自学者”问：在养鹅池塘里适合养什么品种的鱼？

北京市农林科学院水产科学研究所 副研究员 徐绍刚答：

在养鹅的池塘养鱼需要从以下两个方面进行考虑：

（1）防止放养的鱼被鹅吃掉，所以要放养些规格较大的鱼。

（2）鹅在池塘中的排泄物最好能成为养殖鱼的饵料。鹅的排泄物可以被鱼直接利用的养殖品种有鲤鱼、鲫鱼等杂食性鱼类；排泄物可以培养浮游生物，因此也可以放养些规格稍大的花鲢、白鲢、长吻鮠等以浮游生物为食的鱼类。

3 北京市怀柔区张女士问：鱼缸里水草迷你矮珍珠叶子发黄，是病害，还是缺钾肥或缺铁？

北京市农林科学院水产科学研究所 副研究员 徐绍刚答：

鱼缸里水草的病害很少，出现这种情况一般都是由营养不均衡造成的，个人感觉应该是缺微量元素，因为这些元素是外界和水体在自然情况下不能补充的。一般情况下铁和钾元素在饲料里面有，鱼排出的粪便会带出来，所以这些元素应该不会缺，但是像锰等微量元素饲料里面一般不加，可能会缺乏这样的元素，但具体缺乏的元素不太好确定。